资源勘查工程专业"十三五"规划系列实验实习指导书

矿床学实验指导书

邵拥军　刘建平　赖健清　主编
刘忠法　张　宇　刘清泉　王智琳　参编

中南大学出版社
www.csupress.com.cn
·长沙·

前 言 Preface

　　本书是资源勘查工程专业矿床学实验课的教材。本书按成因分类体系，选用典型矿床作为实验内容，通过矿床图件分析，典型岩石、矿石标本肉眼观察和显微鉴定，矿床地质资料以及测试数据分析，让学生了解各类矿床的形成构造背景、成矿地质条件、矿床特征及成矿作用。根据矿床学实验教学要求及实验教学条件，筛选了岩浆矿床(岩浆分结矿床、岩浆熔离矿床)、伟晶岩矿床(稀有金属花岗伟晶岩矿床)、热液矿床(接触交代矿床、斑岩型矿床、岩浆热液矿床、非岩浆热液矿床)、火山成因矿床(火山热液矿床)、沉积矿床(胶体化学沉积矿床)、变质矿床(区域变质矿床)和叠生矿床作为实验内容。

　　本书是在中南大学地球科学与信息物理学院邵拥军教授组织下完成的，编写人员有邵拥军、刘建平、赖健清、刘忠法、张宇、刘清泉、王智琳，最后由刘建平、邵拥军、赖健清统稿和定稿。研究生荣亚男、陈卫康、刘少青、赵廉洁、穆尚涛、陈可、王展完成了图件的清绘工作。本书的编写与出版得到了教育部高等学校"专业综合改革试点"项目(资源勘查工程专业)、湖南省普通高校"十三五"专业综合改革试点项目(资源勘查工程专业)的资助。

本书凝聚了历年来我校矿床学任课教师及实验员的心血。本书选用的矿床实例研究程度很高，书中引用了前人大量的研究成果。在各矿床标本采集及矿床资料收集过程中，得到了相关矿床开采企业及地勘单位的帮助。在此一并致谢！由于编者水平有限，书中难免存在不少问题和错误，恳请各位老师及读者批评、指正！

编 者

2019 年 10 月 8 日

目录
Contents

矿床学实验教学要求

一、实验目的

矿床学采用地质学的方法研究矿床地质特征及矿体的形态、产状和控矿地质条件；采用矿物学、岩石学和矿相学的方法研究矿床的物质成分、矿化发展过程、矿体和围岩的关系等；采用物理化学、地球化学的方法研究矿床形成的物理化学条件、元素的富集、迁移形式、成矿机理等。

矿床学实验课程主要目的在于使学生加深对课堂所学理论知识的理解，锻炼实践动手能力和发现及解决问题的能力，培养矿床初步分析、综合研究和撰写报告的能力。重点培养学生对岩石、矿石标本及光薄片的观察、描述、鉴定、分析及素描、拍照等能力，阅读和分析各种地质图件的能力，尤其是矿区地质图和勘探线剖面图；文献检索及运用各种资料、测试及分析结果进行矿床成因分析的能力，应用课堂所学理论知识对具体矿床实例的形成条件、地质特征、控矿因素、矿床成因、成矿规律进行综合分析和编写矿床实验报告的能力。

二、实验步骤与要求

矿床学实验课主要通过阅读矿床图件，观察标本、光薄片，以及必要的分析计算等了解和掌握矿床特征，其中注重依据矿床地质特征来推断成矿条件及过程，从而概略地总结成矿规律。矿床学实验一般按以下步骤进行：

①实验前，应预习矿床学实验指导书和教材中的有关知识，明确每次实验的目的与要求、内容和方法，充分做好实验准备。

②实验时，先阅读区域地质图，了解成矿地质条件，然后详细分析矿床地质图，掌握矿床的地质特征(即矿体的形态，产状、矿物成分、矿石结构构造、围岩蚀变、矿物生成顺序以及矿床的分带特征等)，最后分析成矿过程及成矿规律。要注意矿区地层的分布情况，构造特点及岩浆活动情况，同时，也要注意矿体形态与产状的成因意义与成矿后的变化。

③仔细观察岩石及矿石标本、光薄片。观察手标本时，要注意围岩性质，成分及其蚀变类型和蚀变程度。观察矿石时，要确定矿物成分与矿石的结构构造以及有用矿物和脉石矿物的相对含量与分布特征、矿体的次生变化等。观察光薄片时，在全面了解光薄片内主要矿物组成后，要特别注意矿化特点与蚀变、岩性等的关系，以及有用矿物与脉石矿物之间的先后关系。观察光片时，要注意矿石的物质成分、结构构造及矿物的生成顺序等。

三、图件标本及其阅读/观察要点

1.图件类型及阅读要点

（1）区域地质平面图和剖面图

比例尺一般为（1∶50000）～（1∶200000）。主要了解矿床所处的地质环境，产出的地质背景条件，分布的总体规律等，归纳出矿床分布的一般规律。

（2）矿区地质图或矿床地质图

比例尺一般为（1∶1000）～（1∶10000），是一种地质研究程度和精度较高的图件，用于分析矿床所处的岩浆条件、岩相条件和构造条件，了解矿床、矿体的形状、产状、矿化富集的岩性－构造条件、矿床表生变化的深度、程度、矿石类型及分带、围岩变化种类及分布等。

（3）矿床剖面图、各种断面图、投影图

比例尺一般为（1∶100）～（1∶5000）。其中有些可以用来研究矿床（体）形态、厚度的空间变化特征，各种类型矿石的垂直和水平分布，它们之间的变化特征、富矿产出的构造、围岩条件、矿体形态、产状的变化及控制因素、矿化的水平、垂直变化特征；有些可用来分析矿化与岩浆岩、地层、变质岩、构造、围岩蚀变等的关系；有些可用来了解矿体中夹层，夹石的分布和性质、矿体被构造破坏的特征、矿石的次生变化及分布等。

对于外生矿床，则应从上述图件中分析矿床形成的岩相条件和形成环境（如古气候、古地理条件、大地构造环境等）。对于多因复成矿床还要分析矿化的叠加改造、物质活化、迁移、富集等特征。

（4）矿石、矿体等素描图

用于研究不同矿石矿物集合体之间的穿插关系和同一矿化阶段的矿石内各矿物的生成关系（交代、充填等）、生成顺序、矿石的结构构造、矿体的厚度与产状、围岩、构造等的关系，矿体的分支、复合、尖灭等特征。

（5）其他图件

其他图件包括地层柱状图、矿石类型划分图、水文地质图、大地构造图、古地理图、各种示意图、综合图表等。

2.岩、矿石标本和光薄片及观察要点

①岩、矿石标本：包括一般围岩、蚀变围岩、矿石标本。注意观察与矿化成因、矿化过程有关的各种特征。

②光薄片：主要是岩石、蚀变岩薄片和矿石光片。按岩石、矿相、矿床的基本要求进行观察、鉴定，尤其注意捕捉与矿床成因、矿化过程有关的信息。

四、报告编写及要求

实验课结束后，需要认真梳理相关实验素材，在综合分析和综合研究的基础上，撰写实验报告。

实验报告题目：由任课老师根据课堂讲授、实验过程、师生互动、学生反馈等情况拟定。

实验报告内容：一般包括大地构造及区域地质等背景方面的内容，矿区地质、矿体地质、围岩蚀变、矿石特征等关键素材内容，以及控矿因素、矿床成因、成矿规律等综合分析方面的内容。

报告完成形式：独立完成或小组共同完成。

报告提交形式：多媒体汇报或纸质报告。

实验一

岩浆分结矿床——陕西松树沟铬铁矿矿床

1.1　实验目的与要求

（1）认识陕西松树沟铬铁矿矿床矿体的形态、产状特点，矿石的物质成分特点，认识超基性岩体内岩相分带、流动构造、原生节理等与矿化的关系，从而学习分析岩浆矿床特征的方法。

（2）加深理解晚期岩浆矿床的特点和成矿作用。

1.2　实验内容及步骤

（1）阅读陕西松树沟铬铁矿矿床区域地质简图（图1-1），了解含矿超基性岩体形成和产出的构造背景。

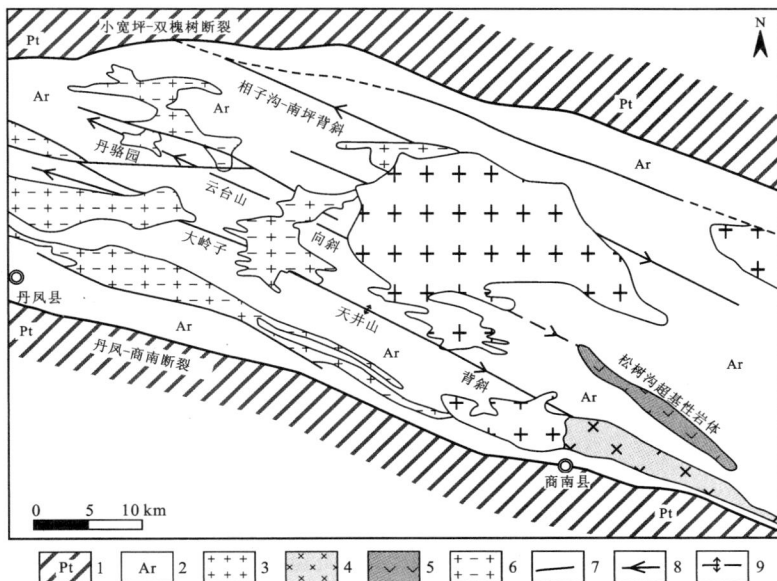

图1-1　陕西松树沟区域地质简图[1]

1—元古宇；2—太古宇；3—早古生代酸性侵入岩；4—古元古代基性侵入岩；
5—古元古代超基性侵入岩；6—太古宙酸性侵入岩；7—断裂；8—背斜轴向；9—向斜轴向

（2）阅读陕西松树沟铬铁矿矿床岩体岩相分布图（图1-2）和矿床中部（展磨沟—王家坪一带）岩体岩相分布图（图1-3），了解超基性岩体规模、产状特点，岩相的分带及分布特点。

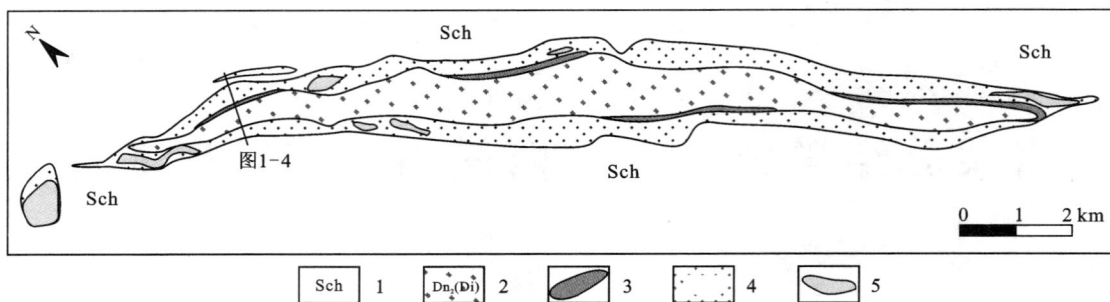

图1-2　陕西松树沟铬铁矿矿床岩体岩相分布图[2]

1—斜长角闪岩；2—含透辉岩条带纯橄榄岩相；3—透辉橄榄岩—透辉岩相；4—纯橄榄岩相；5—斜方辉橄榄岩相

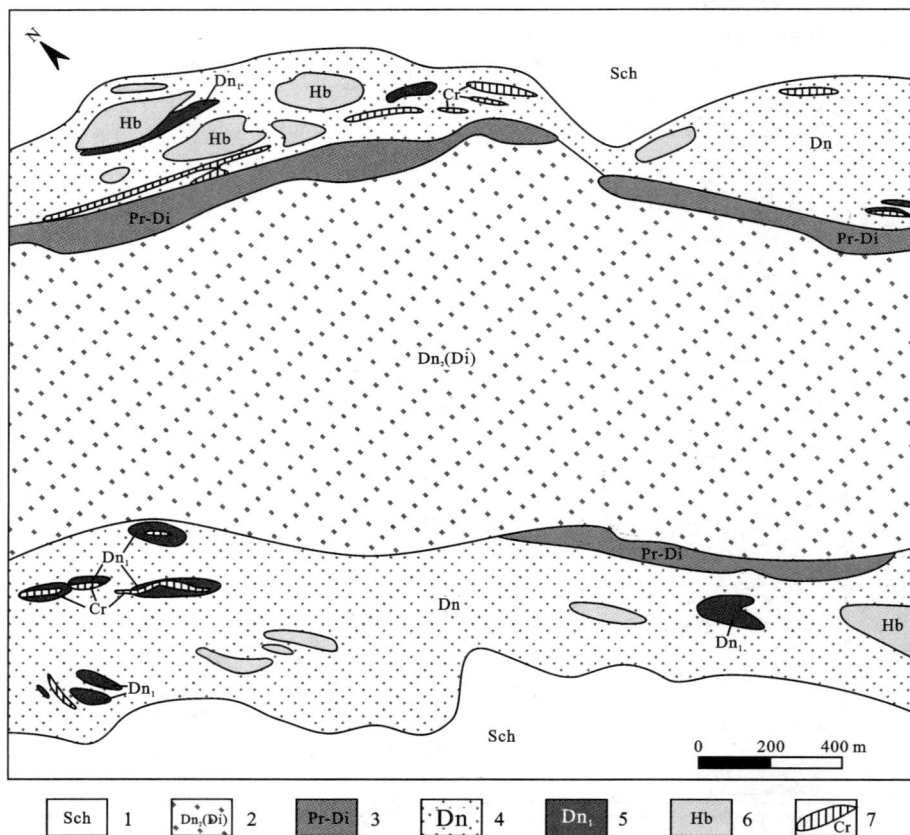

图1-3　陕西松树沟铬铁矿矿床中部（展磨沟—王家坪一带）岩体岩相分布图（据中南矿冶学院地质系，1977）

1—斜长角闪岩；2—含透辉石条带纯橄榄岩相；3—透辉橄榄岩—透辉岩相；

4—纯橄榄岩相；5—中粗粒纯橄榄岩；6—斜辉辉橄岩相；7—铬铁矿化带

（3）阅读陕西松树沟铬铁矿床 11 勘探线剖面图（图 1–4）和王家坪矿区 A9 勘探线剖面图（图 1–5），结合图 1–3，了解陕西松树沟铬铁矿矿体产出的相带，矿体形态与规模特点。

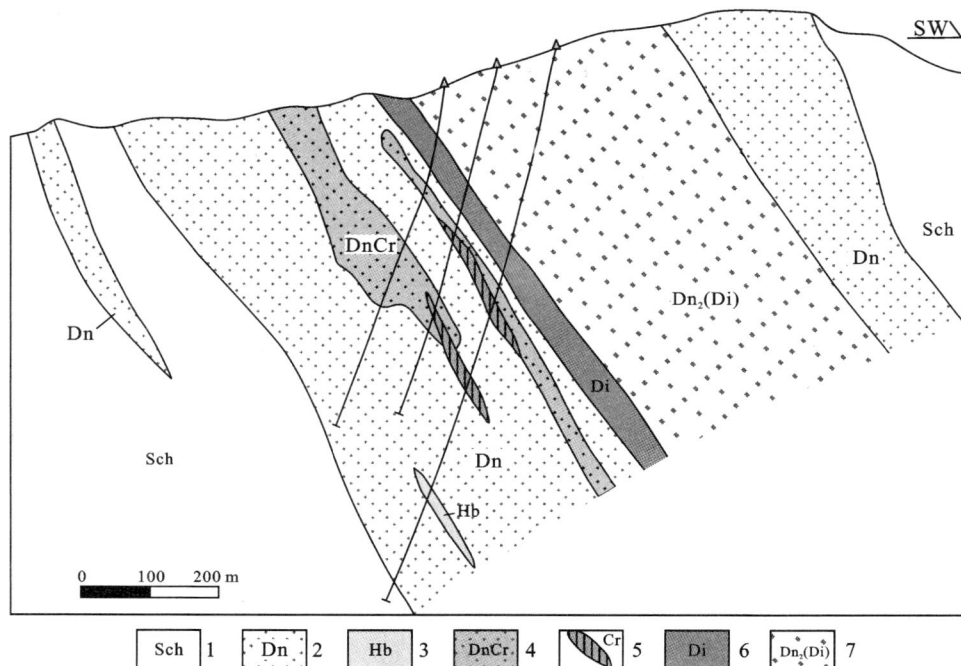

图 1–4 陕西松树沟铬铁矿矿床 11 勘探线剖面图[3]
1—斜长角闪片岩；2—纯橄榄岩；3—斜辉辉橄岩；4—矿化纯橄榄岩；
5—铬铁矿体；6—透辉石岩；7—含透辉石岩条带的纯橄榄岩

（4）对陕西松树沟铬铁矿矿床实验标本（表 1–1）进行肉眼及显微镜观察及素描。鉴定岩石的矿物组成、结构构造、蚀变特征、岩石类型及反映的形成环境。观察矿石的类型、结构构造、矿物组成及变化特征。

表 1–1 陕西松树沟铬铁矿矿床实验标本

样号	名称	样号	名称
岩松 001	斜长角闪片岩	岩松 006	中粒纯橄榄岩
岩松 002	蛇纹石化纯橄榄岩	岩松 007	条带状铬铁矿矿石
岩松 003	斜辉辉橄岩	岩松 008	致密状铬铁矿矿石
岩松 004	透辉石橄榄岩–透辉岩	岩松 009	稠密浸染状铬铁矿矿石
岩松 005	细粒纯橄榄岩	岩松 010	稀疏浸染状铬铁矿矿石

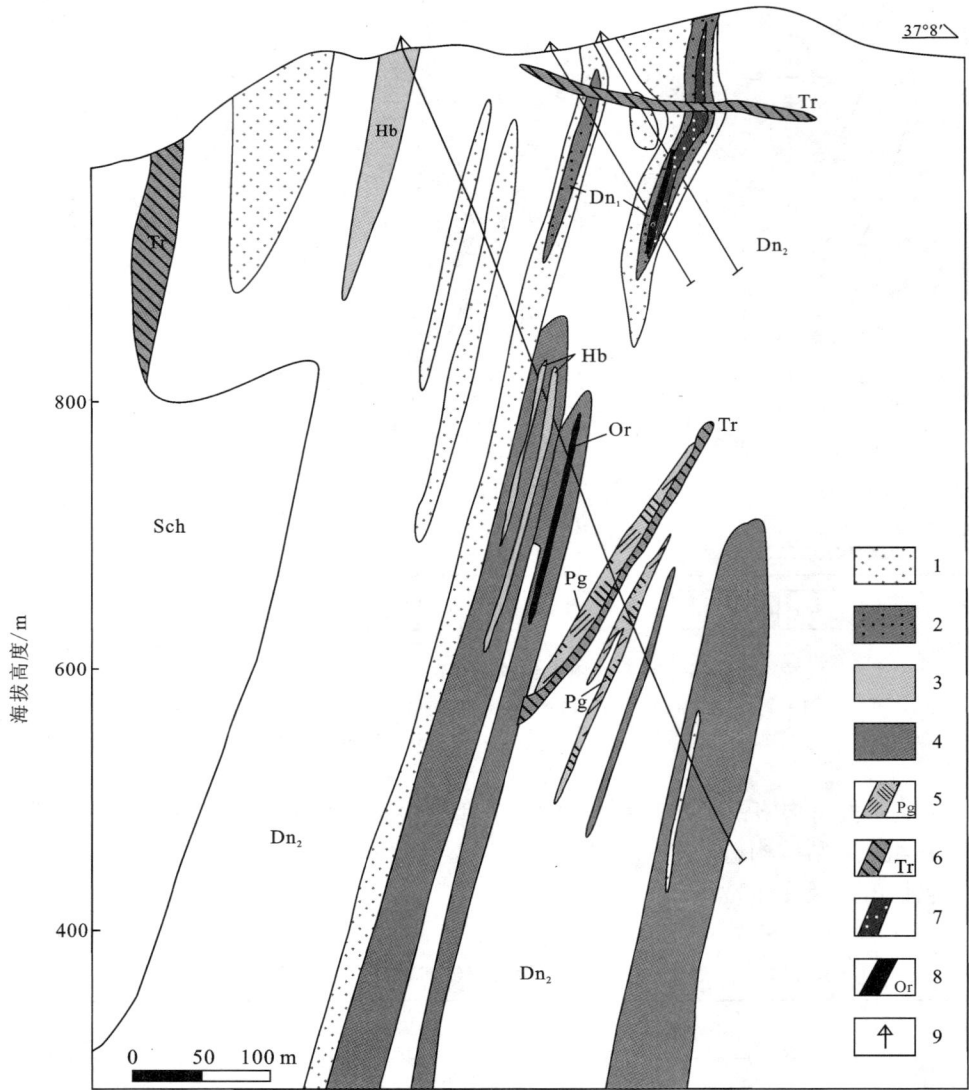

图 1-5　陕西松树沟铬铁矿矿床王家坪矿区 A9 勘探线剖面图[2]

1—细粒纯橄榄岩；2—中粗粒纯橄榄岩（Dn₁）；3—斜方橄榄岩（Hb）；4—方辉橄榄岩；5—伟晶岩（Pg）；6—透闪岩（Tr）；7—矿化中粗粒纯橄榄岩；8—铬铁矿体（Or）；9—钻孔；Sch—斜长角闪片岩；Dn₂—蛇纹石化纯橄榄岩

岩石观察：纯橄榄岩的结构按橄榄石颗粒小于 0.5 mm 为细粒，大于 0.5 mm 为中粗粒[1]。

矿石结构及矿石构造观察：铬铁矿矿石构造常见有均匀浸染状构造、块状构造、斑杂状构造、团块状构造等。其中致密块状构造——矿石中有用矿物的含量达 80% 以上，呈粒状散布在矿石内，且分布无方向性；浸染状构造——矿物呈散点状分布在矿石内，粒度较细（通常小于 2 mm），浸染状矿石矿物含量为 50% ~80% 称为稠密浸染状构造，30% ~50% 称为中等浸染状构造，小于 30% 称为稀疏浸染状构造。浸染状矿石矿物呈条带状分布的称为条带浸染状构造。团块状构造中有类豆状构造——矿物集合体呈豆状、浑圆形，豆粒的直径在 1 cm 左右。

铬铁矿矿石结构应从铬铁矿的粒度、晶体形态（结晶程度）、聚集类型和镶嵌方式等方面[3]进行观察，注意：①铬铁矿的晶形及自形程度，并与原生脉石矿物做比较；②确定矿石矿物与脉石矿物的空间关系、晶出顺序等；③观察矿物的溶蚀、交代现象；④观察特征性的结构。

（5）综合图件阅读和岩矿石观察结果，以及理论教学内容，分析总结陕西松树沟铬铁矿矿床的成矿作用。

重点分析矿石与围岩的关系、矿石富集程度与不同岩相和岩性的关系，综合分析铬铁矿矿床成矿作用。

1.3 矿床资料及素材

陕西松树沟铬铁矿矿床位于陕西省商南县境内。该矿床于 1957 年在区域地质测量中发现，同年进行普查找矿，之后进行勘探，于 1977 年提交矿床地质报告[4]。已查明铬铁矿矿石储量 22.36×10^4 t[2]，为小型规模矿床。

1. 区域地质背景

陕西松树沟铬铁矿矿床处于秦岭造山带中商丹缝合带北侧北秦岭构造带的南部边缘部位（图 1-1）。商南地区内已查明大小超基性岩体 258 个[5]，总面积达 24.83 km²，其中松树沟岩体面积约 20 km²，其余不超过 1 km²。该区的铬铁矿主要产于松树沟岩体中，储量占全区矿体 94%。

2. 矿区地质

松树沟岩体受丹凤—商南断裂的次级压扭性断裂控制（图 1-1），走向 310° ~320°，全长 18.5 km，宽 1.13 km，最宽处 2 km。平面上呈扁平的透镜状。大致顺层侵入于太古宙斜长角闪片岩和黑云母片麻岩中的单斜岩体，倾向南西或正南，倾角 79°左右。

岩体可分为两个系列：不含透辉石的超基性岩和含透辉石的超基性岩[3]，其中前一系列的岩石包括细粒、中粗粒纯橄榄岩，蛇纹石化纯橄榄岩，含斜方辉石的纯橄榄岩、斜辉橄榄岩、橄榄斜方辉石岩和斜方辉石岩等，属 Mg-Fe 系列岩浆岩；后一系列岩石包括含透辉石条带的纯橄榄岩、透辉橄榄岩和透辉石岩等，属 Ca-Mg(Fe) 系列岩浆岩。

岩体的相带具有明显对称性，各相带的分布与岩体走向平行，可划分为 4 个岩相带[3]（图 1-2，图 1-3），以含透辉石条带的纯橄榄岩岩相带为中心，向外依次出现透辉橄榄岩—透辉石岩岩相带、纯橄榄岩岩相带、斜辉橄榄岩岩相带。岩石化学成分显示属镁质超基性岩[3]，镁铁比值一般为 9~11。

3. 矿体特征

岩体内铬铁矿化普遍，主要矿体赋存于纯橄榄岩岩相和纯橄—斜辉橄榄岩岩相带中。两岩相带中的矿化带和矿体都与岩体边界平行。岩体边界出现拐折时，岩相带和矿化带也随之变化。

矿区内已发现矿体、矿化点 163 个(厚度大于 0.1 m)。矿体长度一般为 20~70 m，最长 140 m，厚度一般为 0.3~2 m，最厚 5.37 m。矿体主要呈脉状、似层状，少数呈不连续透镜状、扁豆状(图 1-4，图 1-5)。矿体产状与其围岩的原生流动构造产状及岩体产状一致，走向为北西西，倾向南南西，倾角 65°~75°，部分矿体产状与岩体产状斜交。松树沟岩体中的矿体产出部位除受岩相控制外还受岩体原生构造的控制。

统计显示赋存于岩体上盘、中部、下盘的矿体(长度大于 10 m 的)数分别占 37.1%、12.8%、33.3%，这说明矿体多数产在岩体边缘；矿石储量较大的矿体多赋存于岩体上盘。

矿体的规模与含矿岩相带的规模呈反消长关系，特别是纯橄榄岩中的具中等浸染状矿石的矿体更明显。总的来说，岩体中岩相变化频繁的地段，常赋存有工业矿体。

产在纯橄榄岩岩相带中的矿体，多分布于岩相带内侧的中粗粒纯橄榄岩内，形成含矿中粗粒纯橄榄岩，矿体与岩体为逐渐过渡关系。矿石为稀疏浸染状至中等浸染状，铬铁矿粒度为 0.3~0.8 mm，属细—中粒的自形—半自形晶结构。矿石的 Cr_2O_3 含量偏低，为 13.13%~22.60%，铬铁比值为 1.8~2.0。

产于纯橄榄岩—斜辉橄榄岩杂岩带中的矿体与近矿围岩的界线清楚。矿体明显受流动构造控制，往往与原生纵斜节理一致，并与岩体边界斜交。这类矿体的矿石常为稠密浸染状至块状构造。铬尖晶石粒径为 0.3~3 mm，属中粗粒结构。Cr_2O_3 含量较高，最高可达 44%，平均为 35.83%，铬铁比值最高为 3.1，平均为 2.6。

4. 矿化富集规律

(1)现有矿体(点)大多数分布于岩体的边缘地带，尤其是在岩体上盘边界凹凸不平处，矿体更为富集。从剖面上看，在岩体收缩的下部或岩体由收缩向膨胀变化的"台阶"处，矿化富集。据此特点说明岩体由窄变宽，岩浆流速减低，重力分异对矿石富集起到促进作用，此时，矿体走向与岩体走向一致。

(2)岩体南侧边部杂岩带内，条带状铬铁矿与纯橄榄岩和斜辉橄榄岩成互层条带。条带状矿体穿插原生节理构造，与岩体主流层方向斜交，走向近南北，呈斜列式排列。很显然，这是由于残浆流动时受围岩的牵引所致。条带状铬铁矿与主流层交汇的锐角方向，指示了岩浆的运动方向。

(3)从岩相对矿体的控制来看，矿体赋存于中粗粒纯橄榄岩和斜辉橄榄岩岩相带的纯橄榄岩内，说明岩浆分异完全对成矿有利。从岩石化学方面来看，中粗粒纯橄榄岩的镁铁比值偏高，一般达到 9，而近矿体处可达 10.5 左右。可见，镁含量增高对成矿有利。

思考题

1. 陕西松树沟铬铁矿矿床矿体形态及矿体围岩有什么特点？
2. 陕西松树沟铬铁矿矿床中条带状铬铁矿矿石是如何形成的？
3. 不同矿石中铬铁矿的晶体形态及颗粒大小有什么规律？为什么？
4. 结合陕西松树沟铬铁矿矿床，分析该矿床是早期岩浆矿床还是晚期岩浆矿床？主要判断依据有哪些？

参考文献

［1］商南铬矿地质综合研究组.商南松树沟超基性岩及铬铁矿几个主要地质问题的认识［J］.西北地质科技情报，1977（4）：1－16.

［2］仇东东.陕西省松树沟铬铁矿矿床成因与成矿预测研究［D］.西安：长安大学，2015.

［3］地质科学研究院地质矿产所和新疆维吾尔自治区地质局.中国铬铁矿矿相图册［M］.北京：地质出版社，1974.

［4］中国矿床发现史陕西卷编委会.中国矿床发现史（陕西卷）［M］.北京：地质出版社，1996.

［5］中国地质科学院地质矿产所岩石研究室.含铬铁矿基性超基性岩岩体类型及铬铁矿成矿规律［M］.北京：地质出版社，1976.

实验二

岩浆熔离矿床——甘肃金川铜镍矿床

2.1 实验目的与要求

（1）认识甘肃金川铜镍矿床矿体的形态、产状特点，矿石的物质成分特点，分析岩浆熔离矿床的矿体及矿石特征。

（2）了解岩浆熔离矿床成矿作用及成矿条件。

2.2 实验内容及步骤

（1）阅读甘肃金川铜镍矿床地质简图（图2-1）、典型勘探线剖面图（图2-2）和矿床地

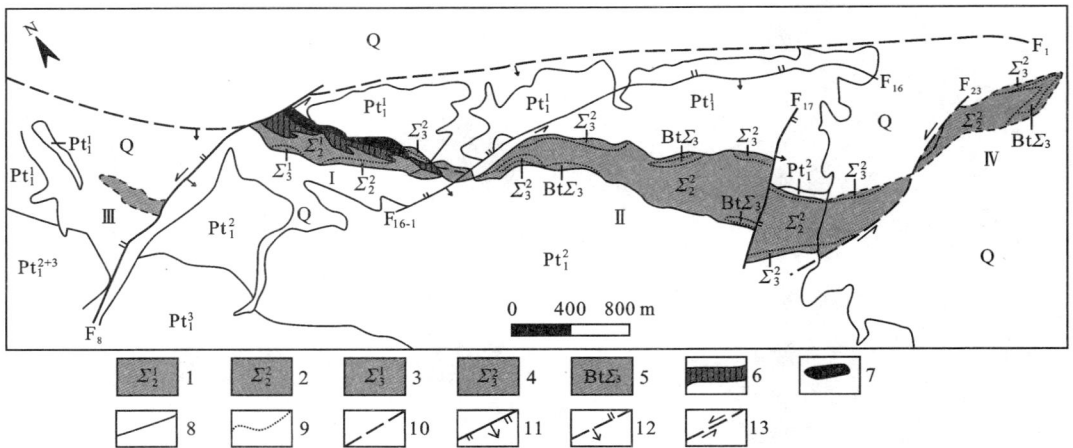

图2-1 甘肃金川铜镍矿床地质简图[1]

1—中细粒二辉橄榄岩；2—中细粒橄榄二辉岩；3—中粗粒二辉橄榄岩；4—中粗粒橄榄二辉岩；5—中粗粒斜长二辉橄榄岩；6—岩浆就地熔离矿体；7—深部熔离—贯入矿体；8—实测、推测地质界线；9—岩相界线；10—深断裂；11—正断层；12—逆断层；13—平推断层；Q—第四系；Pt₁³、Pt₁²、Pt₁¹—古元古界白家嘴子组混合岩第三段、第二段、第一段；Ⅰ、Ⅱ、Ⅲ、Ⅳ—矿区编号

质资料,了解矿区超基性岩体的产状、相带分布以及矿体的形态、产状、矿化等与岩浆岩的关系。

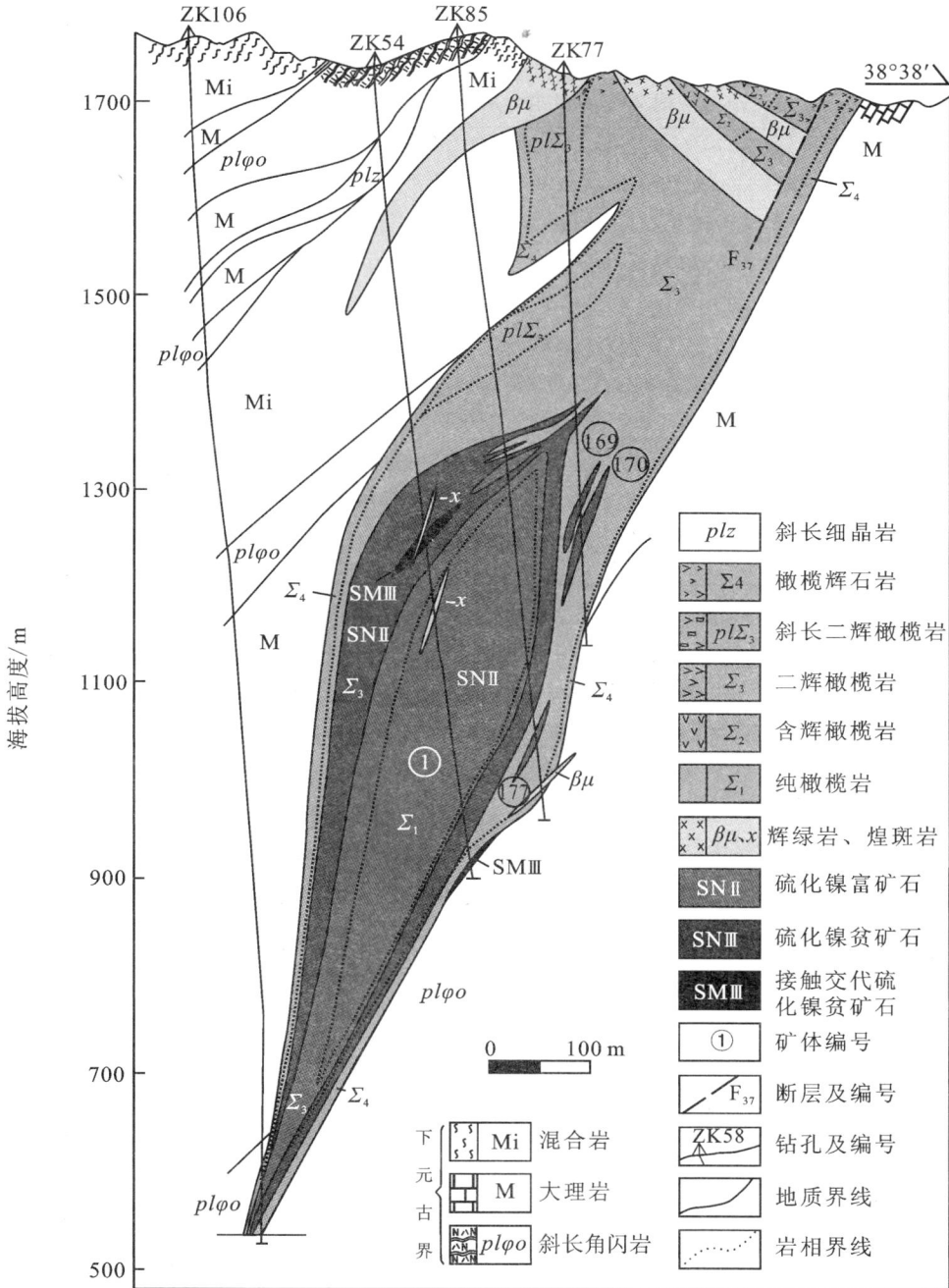

图 2－2　甘肃金川铜镍矿床二矿区 18 勘探线剖面图(据镍矿地质勘探规范编写组,1983)

（2）通过典型岩石及矿石标本（表2-1）和相应的光薄片的观察，了解成矿岩体的岩石学特征、矿石的物质成分特征及结构构造特点。矿石结构观察时注意：①硅酸盐矿物的晶形及自形程度，硫化物的结晶程度；②矿石矿物与脉石矿物的空间关系、晶出顺序等；③矿物的溶蚀、交代现象。

表2-1　甘肃金川铜镍矿床实验标本

样号	名称	样号	名称
镍川01	蛇纹石化大理岩	镍川05$_4$	中粒橄榄岩
镍川02	混合岩	镍川05$_5$	蛇纹石化粗粒橄榄岩
镍川03	片麻岩	镍川06$_1$	中细粒橄榄岩矿石
镍川04	细粒辉石岩	镍川06$_2$	中粒橄榄岩矿石
镍川05$_1$	蛇纹石化中粒辉石橄榄岩	镍川06$_3$	粗粒橄榄岩矿石
镍川05$_2$	中粒辉石橄榄岩	镍川07	浸染状矿石
镍川05$_{31}$	中细粒辉石橄榄岩	镍川08	块状矿石

超基性岩的观察：按矿物结晶颗粒可分为细粒（<1 mm）、中粒（1～5 mm）、粗粒（>5 mm）。主要造岩矿物为橄榄石、单斜辉石、斜方辉石和斜长石。

矿石的观察：超基性岩体中矿石类型主要包括网状、星点状和块状3种。此外，局部地段岩体与大理岩接触带或岩体中大理岩捕虏体边缘发育少量气液交代的浸染状矿石以及晚期热液叠加的变海绵陨铁状矿石。

①网状结构矿石：硫化物完全充填粒状橄榄石或少量辉石晶间，形成一个连续网络。此类矿石是金川矿床最主要的矿石类型，Ni品位一般为4%～9%，大多数约为2%。

②星点状矿石：填隙的硫化物未形成一个连续的网络。大多数情况下，硫化物以分散的斑点状充填于硅酸盐矿物粒间，星点状矿石一般Ni品位小于1%。

③块状矿石：几乎全由金属硫化物组成，致密块状。Ni品位一般为4%～9%，主要产在2号矿体底部及附近围岩中。

④浸染状矿石：主要产于岩体与大理岩的外接触带以及大理岩捕虏体的周围。矿石中硫化物集合体（小于3 mm）大小不等呈浸染状分散在蛇纹石化、透闪石化大理岩的矿物间隙或裂纹中。

⑤变海绵陨铁状矿石：产在海绵陨铁状矿体的中到下部，为岩浆期后热液对岩浆熔离形成的矿石进行叠加和改造的产物，产在海绵陨铁状矿石中，金属硫化物集合体呈不规则状，浸染状分布，粒径为0.005～0.1 mm。该类矿石分布规模较小，但富集铂族元素。

（3）结合矿床地球化学资料，综合分析金川铜镍硫化物矿床的成矿作用。

金川矿床成矿作用主要为岩浆熔离、深部熔离—贯入作用及贯入作用。除此之外，还有接触交代、热液叠加等作用。

2.3 矿床资料及素材

甘肃金川铜镍矿床位于甘肃省金昌市内，是仅次于俄罗斯的诺里尔斯克和加拿大的萨德伯里的世界第三大铜镍硫化物矿床。除富含 Ni、Cu 外，还伴生 Co、Au、铂族元素等 17 种金属元素。其中已探明镍金属储量超过 5.58×10^6 t(平均品位 1.06%)，铜金属储量约为 3.54×10^6 t(平均品位 0.75%)。

1.区域地质背景

甘肃金川铜镍矿床(镍矿地质勘探规范编写组，1983)大地构造位置处于华北地台阿拉善地块西南缘的龙首山隆起中，其南部与北祁连山加里东地槽边缘过渡带相接。

龙首山隆起为北西西向转向近东西向的构造带，金川矿区正处于其构造转折处。龙首山隆起结晶基底为古元古界龙首山群，该群下部以基性火山岩为特点的白家嘴子组，上部以沉积碎屑岩、沉积碳酸盐岩为主的塔马子沟组。盖层为长城—蓟县系和震旦系富镁碳酸盐岩建造和碳酸盐岩碎屑岩沉积建造。沿隆起南缘发育着长达数百公里的深断裂。与铜镍硫化物矿床有关的基性、超基性岩体受隆起带边缘深断裂控制，岩体分布在次级断裂中。

2.矿区地质

(1)矿区地层。

矿区地层为白家嘴子组，主要岩性为片麻岩、大理岩及斜长角闪岩(图 2 - 1)。

(2)矿区构造。

矿区为倾向南西的单斜构造，它们被形成复背斜的新元古界所超覆。上古生界，中生界则形成同斜褶皱。

(3)矿区岩浆岩。

①超基性岩体形态规模产状。

矿区出露的含矿超基性岩体侵位于白家嘴子组地层中，岩体直接与片麻岩、大理岩、条带状混合岩接触[2]。岩体呈不规则的岩墙状产出，长约 6500 m，宽 20～500 m，延深数百米至千余米，走向 310°，倾向南西，倾角 75°～80°(图 2 - 1)。岩体东西两端被第四系覆盖，岩体基岩面积约 1.34 km²。岩体被北东向、北东东向断层错断，从西向东分为 4 段，编号分别为 Ⅲ、Ⅰ、Ⅱ、Ⅳ 的 4 个矿区[2]，各区岩体形态简述如下：

Ⅲ矿区位于岩体西端，受 F_8 断层影响，相对东侧 Ⅰ 矿区岩体向南西推移 900 余米，全部被厚度为 40～50 m 的第四系覆盖。岩体东宽西窄，向西逐渐尖灭，岩体走向 NW，倾向 SW，倾角 60°～70°，一般东陡西缓，东部深达 600 m 以上，西部延深仅 200 m 左右，呈楔形向下尖灭。

Ⅰ矿区岩体分布于断层 F_8 与 F_{16-1} 之间，地表长 1500 m，西宽(320 m)东窄(仅 20 余米)，延深大于 700 m，岩体走向 300°～310°，倾向南西，倾角 70°～80°，岩体底部波状起伏，西东两端分别为 500 m、200 m，中部最深达 700 m。Ⅰ矿区主矿体为 1～24 号矿体。

Ⅱ矿区岩体分布于 F_{16-1} 和 F_{23} 之间，长 3000 余米，东端约有 300 余米隐伏于第四系之下，宽度自西向东逐渐变宽，最宽达 530 m，38 线以东又逐渐收缩。总体走向为 310°，倾向南西，倾角 50°～80°。Ⅱ矿区以 26 线为界分为东西两段，西段岩体产状较缓，宽度较窄(30～300 m)，延深较大，最大延深超过 1000 m，它由上、下两个分支组成，上分支呈板状，延深 300～400 m 即尖灭,下分支规模巨大,一般延深数百米至千余米尚未尖灭,其中赋存有规模巨大的富矿体(Ⅱ-1 号矿体);东段岩体较浅(600～800 m),出露较宽(最宽达 530 m),横切剖面上呈漏斗状,硫化物矿化堆积在底部,形成一个向南西缓倾斜的矿化透镜体(Ⅱ-2 号矿体)。

Ⅳ矿区岩体分布于最东端(F₂₃以东),岩体长约 1300 m,西部宽 450 m,向东变窄,隐伏于第四系以下,覆盖物厚 60～140 m。岩体向下延深 400～600 m 尖灭。

②岩体侵入期次及侵入相。

含矿岩体属复式岩体[2],由二辉橄榄岩、斜长二辉橄榄岩、橄榄二辉岩、含二辉橄榄岩及少量橄榄辉石岩等组成,岩体对称分异良好,岩相沿走向呈带状分布、横剖面上呈同心壳状,各岩相间均呈过渡关系。岩体存在 4 期侵入活动[2]:

第一期侵入体由北西向南东连续分布,岩相自中心向两侧依次为含二辉橄榄岩—二辉橄榄岩—橄榄二辉岩,局部边缘为斜长二辉橄榄岩,岩石呈中细粒结构,含稀疏浸染状硫化物。

第二期侵入体几乎纵贯整个岩体。主要由二辉橄榄岩—斜长二辉橄榄岩—橄榄二辉岩—二辉岩组成,岩相分布类似于第一期侵入体,岩石呈中粗粒结构,由中心向两侧基性程度降低,形成浸染状局部海绵状贫矿体。

第三期侵入体以富含硫化物和橄榄石为特征,硫化物含量为 15%～30%,橄榄石占整个硅酸盐矿物的 90% 以上,其次有少量辉石,偶见斜长石,构成纯橄榄岩相,此岩相本身全部由硫化物胶结粒状橄榄石构成网状(即海绵陨铁状)富矿石。侵入相构成 3 个膨大体依次分布于岩体的中西部、中部和中东部,分别对应Ⅰ-24 号、Ⅰ-1 号和Ⅱ-2 号矿体,与第二期侵入体一般呈突变接触关系。

第四期侵入体为硫化物矿浆贯入,形成块状矿体,它们沿构造裂隙穿插第二、第三期侵入体及围岩地层中,块状矿石含硫化物达 95% 以上,在矿体边部往往过渡为角砾状矿石。

岩体主体岩性为二辉橄榄岩,岩体核部或中下部海绵陨铁状矿化部位为纯橄榄岩,向上多为二辉橄榄岩,局部为斜长二辉橄榄岩,边部产橄榄辉石岩。岩石化学成分镁铁比值为 2.7～5.9,属于铁质系列,且东段镁铁比值多大于 5,岩体整体岩石化学成分以贫碱、低铝和镁铁比值高为特点。

3. 矿体特征及矿石组成

(1)矿体形态及类型。

铜镍硫化物矿体主要赋存于岩体底部[2],构成巨大的似层状或透镜状矿体,少数矿体位于岩体上部和接触带中(图 2-2)。全区共发现矿体 680 多个,主要矿体为Ⅰ-24、Ⅱ-1、Ⅱ-2 号矿体,铜、镍金属储量占矿床的 90% 以上,其余不足 10%。按成矿作用主要为四种类型:

①岩浆熔离型矿体:规模大小不一,呈似层状、透镜状,长 10 m 到数十米,厚 1 m 到百余米。分布在岩体各个部位及各岩相带中,矿体形态及产状均受所在岩相控制,矿石以稀疏浸染状贫矿石为主,矿体与围岩呈渐变关系。此类矿体占全区矿体总数的 82%,镍和铜的金属储量分别占全区总量的 11% 和 12%。

②岩浆深部熔离—矿浆贯入型矿体:规模巨大,呈似层状,透镜状或筒状,具膨缩分支现象。长数百至千余米,厚数十至百余米。矿体赋存于岩体底部纯橄榄岩中或贯入围岩中。矿体走向与岩体走向有 10°～20° 交角。矿石结构以海绵陨铁状为主。镍和铜的金属储量分

别约占全区总量的86%和85%，该类型矿体是矿区最重要的工业矿体。

③晚期矿浆贯入型矿体：规模很小，呈透镜状、脉状和团块状，常成群出现。主要赋存在第二类矿体的下部，岩体尖灭部位及其上下盘围岩中，矿体产状受原生裂隙和围岩片理控制。矿石呈致密块状，矿体与围岩界线清楚。该类矿体工业意义最小，铜和镍的金属储量仅占全区总量的1.1%和0.59%。

④接触交代型矿体：赋存在主要岩体上下盘围岩及大理岩捕房体中，矿体较多，但规模较小，离岩体远近不一，最远达百余米。矿体形态复杂，多呈不规则扁豆状。矿石构造为浸染状和网脉状。矿体与围岩无明显界限。该类矿体工业意义居矿床第三位。铜和镍的金属储量分别占全区总量的1.58%和2.09%。

岩浆期形成的矿体受自变质及后期热液作用影响发生蛇纹石化、碳酸盐化、滑石化现象。此外，接触交代型及热液叠加型矿体中局部出现矽卡岩化、绿泥石化。围岩为大理岩时，常见钙铝榴石、透辉石、透闪石岩。

（2）矿石组成[3]。

矿石矿物组成：主要金属矿物有磁黄铁矿、镍黄铁矿、黄铁矿、方黄铜矿、马基诺矿、墨铜矿、紫硫镍铁矿等，以及自然金、银、铂及其合金、各类碲化物、铋、锑、砷化物类矿物、铬尖晶石类矿物。脉石矿物有贵橄榄石、古铜辉石、顽火辉石、透辉石、蛇纹石、拉长石等。

矿石化学组成，矿体占整个侵入体总体积的43%，整个侵入体平均含Ni 0.42%、Cu 0.23%、S 1.74%。各类矿石中镍铜比值为0.61~2.97，平均1.29，块状矿石镍铜比值最高，热液矿石镍铜比值最低。

4. 成矿作用素材

（1）成岩成矿物质来源。

金川岩体锇同位素组成显示$^{178}Os/^{188}Os$初始值高于太古宙未混染的科马提岩有关的铜镍硫化物矿石的值，同时$^{87}Sr/^{86}Sr$、$^{143}Nd/^{144}Nd$稍高于陨石值，表明岩浆受壳源混染的特点[2]。金川矿床矿石硫化物$\delta^{34}S$值变化范围较小，分馏效应不明显，平均$\delta^{34}S$值接近陨石硫，表明硫主要来源于地幔。因此，金川岩体岩浆应为部分壳源混染的幔源岩浆[2]。

（2）成矿物理化学条件[3]。

据造岩矿物理论估算、造岩矿物熔融实验、熔融包裹体等方法测定，橄榄石液相温度为1400℃，固相温度为1200℃；辉石、斜长石在1100℃开始结晶。岩浆岩就位深度为10~15 km，岩浆房深度在30 km以下，硫化物初始熔离温度为1400~1500℃，硫化物呈单硫化物固熔体晶出温度为1000℃，到600℃以下发生固熔体分解，热液叠加作用在414~488℃。

思考题

1. 结合金川岩体特征，简述多期次岩浆侵入与成矿的关系？

2. 矿床中浸染状矿石与网状矿石在矿石结构与矿石构造上有什么特点？二者在成因上有什么差异？

3. 以甘肃金川铜镍矿床为例，分析岩浆熔离成矿作用的特点。

参考文献

［1］中国矿床编委会. 中国矿床(上册)［M］. 北京：地质出版社，1989.

［2］汤中立，钱壮志，姜常义，等. 中国镍铜铂岩浆硫化物矿床与成矿预测［M］. 北京：地质出版社，2006.

［3］黄崇轲，白冶，朱裕生. 中国铜矿床［M］. 北京：地质出版社，2001.

实验三

稀有金属伟晶岩矿床——湖南仁里—传梓源铌钽锂矿床

3.1　实验目的与要求

（1）了解花岗伟晶岩稀有金属矿床形成的地层、构造、岩浆岩条件。

（2）了解不同类型伟晶岩分带特征、伟晶岩体带状构造特征及其与成矿的关系。

（3）掌握稀有金属伟晶岩矿床的矿体与矿石特征，矿化富集规律。

（4）了解铌钽锂伟晶岩矿床的形成过程。

3.2　实验内容及步骤

（1）湖南仁里—传梓源铌钽锂矿床位于湖南湘东北幕阜山岩体南缘，阅读图3-1，了解幕阜山复式花岗岩体不同期次侵入岩的分布、花岗伟晶岩的空间分布特征及产出的相关矿产。

（2）阅读湖南仁里—传梓源铌钽锂矿床地质简图（图3-2），了解矿区出露的花岗岩类型和地层特点；了解花岗伟晶岩脉的类型、分布及分带特点及其与不同类型矿化的关系。

（3）湖南仁里—传梓源铌钽锂矿床包含两处大中型矿床：仁里铌钽矿床和传梓源锂矿床，阅读湖南仁里铌钽矿床地质简图（图3-3）、湖南传梓源锂矿床地质简图（图3-4）、湖南仁里铌钽矿床7勘探线剖面图（图3-5），了解伟晶岩矿脉的形态、规模及产状特征。

（4）通过矿床实验标本（表3-1）肉眼观察及显微鉴定，认识矿区不同类型伟晶岩（微斜长石型、微斜长石-钠长石型、钠长石型、钠长石-锂辉石型）的矿物组成、结构构造及其变化规律；阅读图3-6，并观察相应标本，了解单条伟晶岩岩体由外至内分带及其各带的矿物组成及结构构造的特点；重点鉴定含铌钽、锂的伟晶岩矿石类型、矿石结构构造、矿物组成特征。

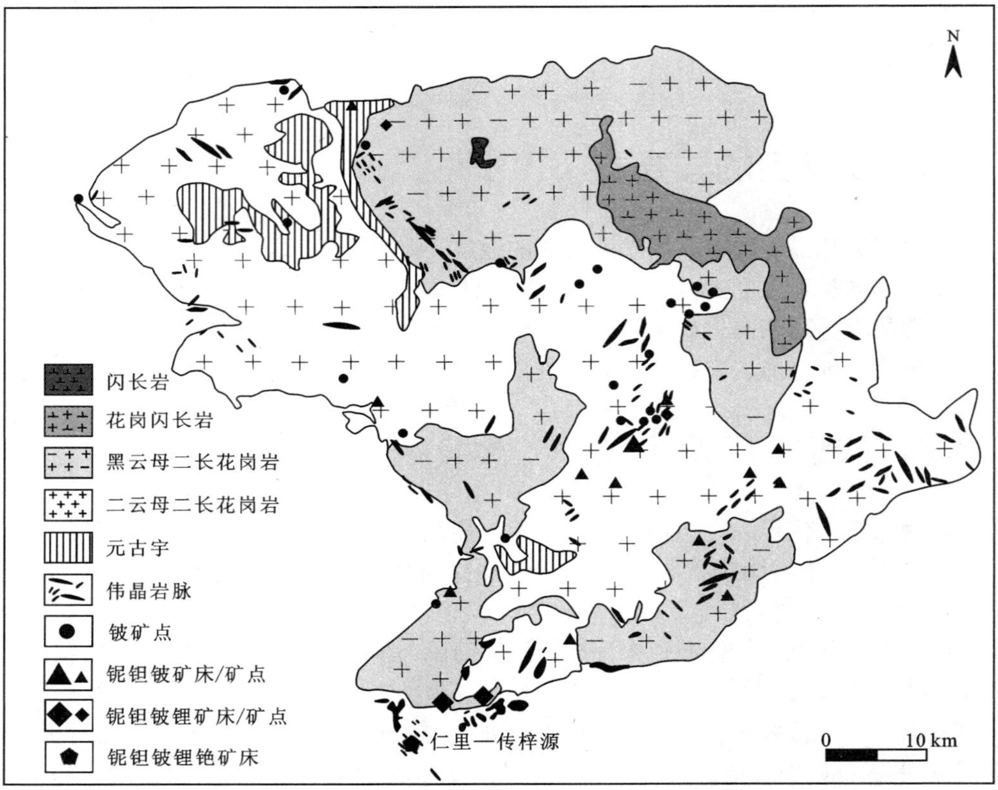

图3-1 湖南幕阜山花岗岩、伟晶岩脉及稀有金属矿床分布图[1, 3]

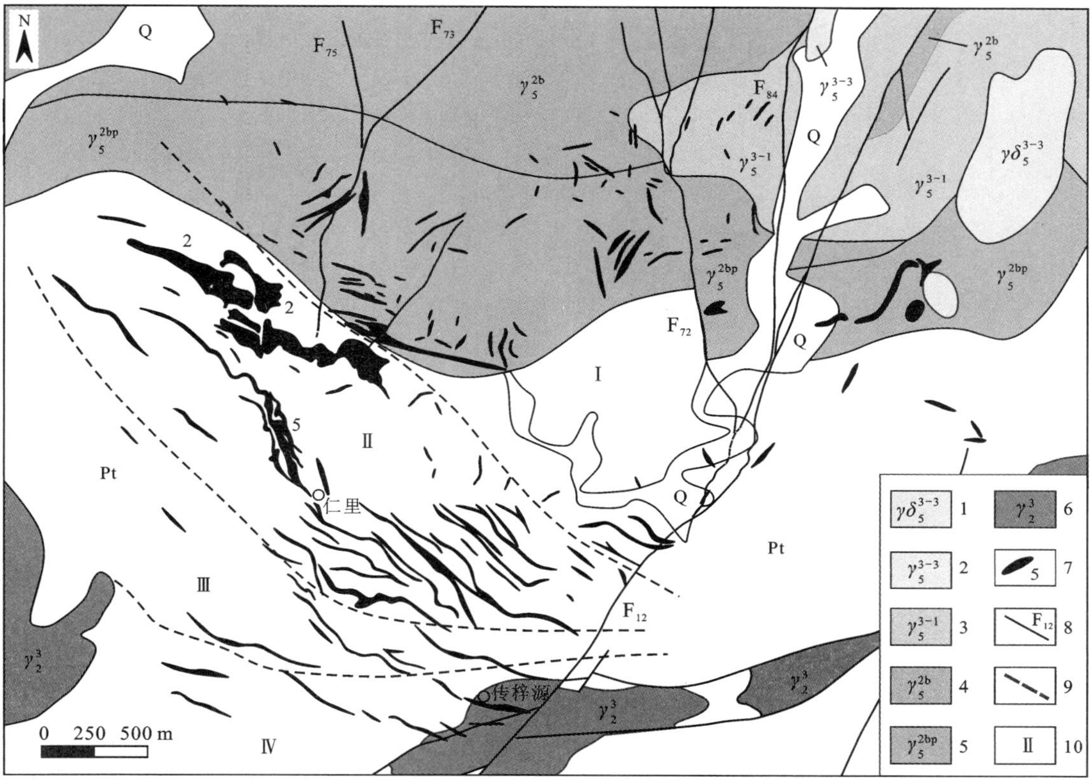

图 3-2　湖南仁里—传梓源铌钽锂矿床地质简图[2]

1—细粒花岗闪长岩；2—细粒二云母二长花岗岩；3—中粒二云母二长花岗岩；4—粗中粒似斑状黑云母二长花岗岩；5—中粗粒片麻状黑云母二长花岗岩；6—新元古代二云母斜长花岗岩；7—伟晶岩脉；8—断裂；9—伟晶岩类型分带界线；10—伟晶岩分带类型：Ⅰ—微斜长石型；Ⅱ—微斜长石钠长石型；Ⅲ—钠长石型；Ⅳ—钠长石锂辉石型；Q—第四系；Pt—冷家溪群片岩

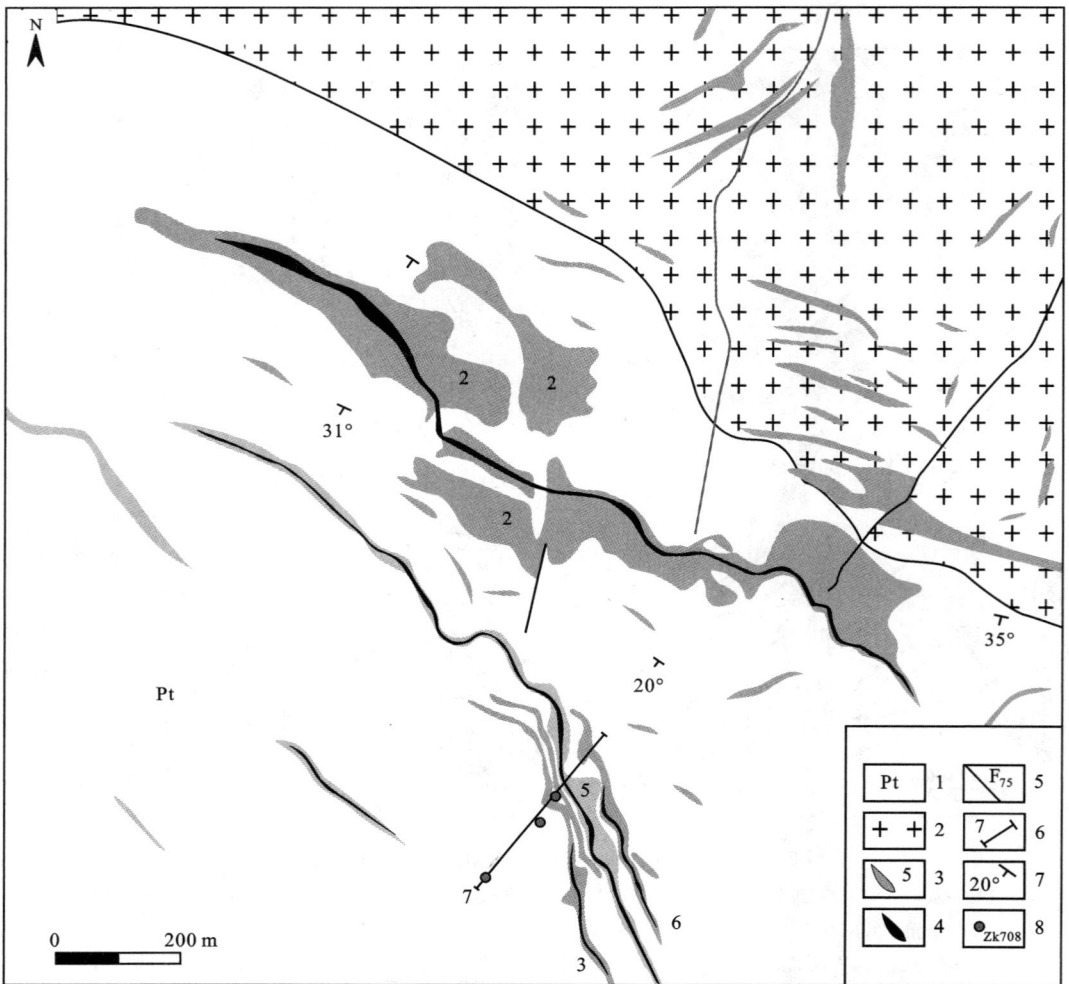

图 3-3　湖南仁里铌钽矿床地质简图[3]

1—冷家溪群片岩；2—燕山早期侵入体；3—伟晶岩；4—铌钽矿体及编号；

5—断层；6—勘探线；7—产状；8—钻孔

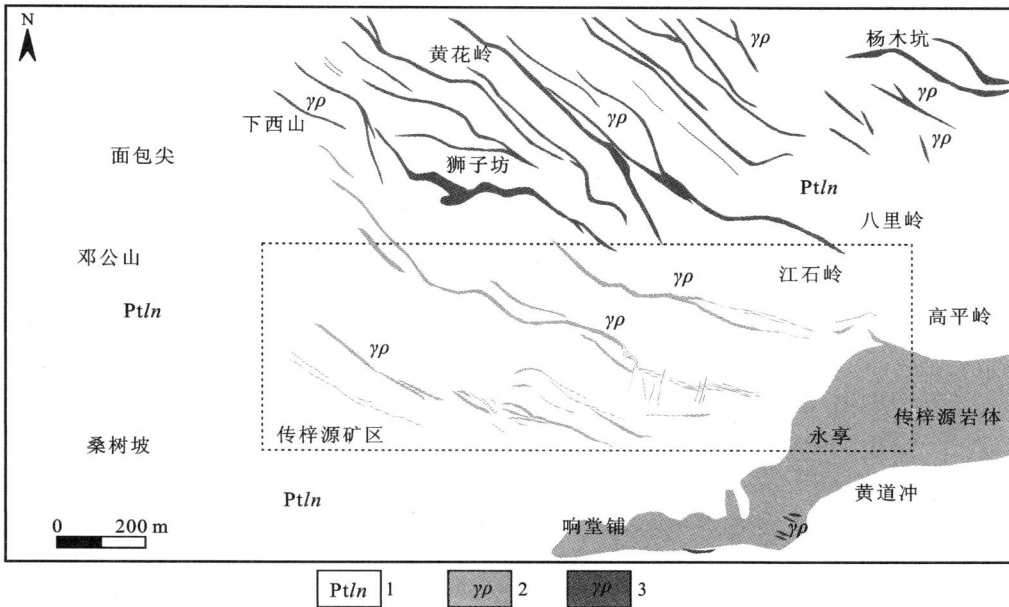

图3-4　湖南传梓源锂矿床地质简图[4]

1—冷家溪群变质岩；2—钠长石—锂辉石伟晶岩；3—钠长石伟晶岩

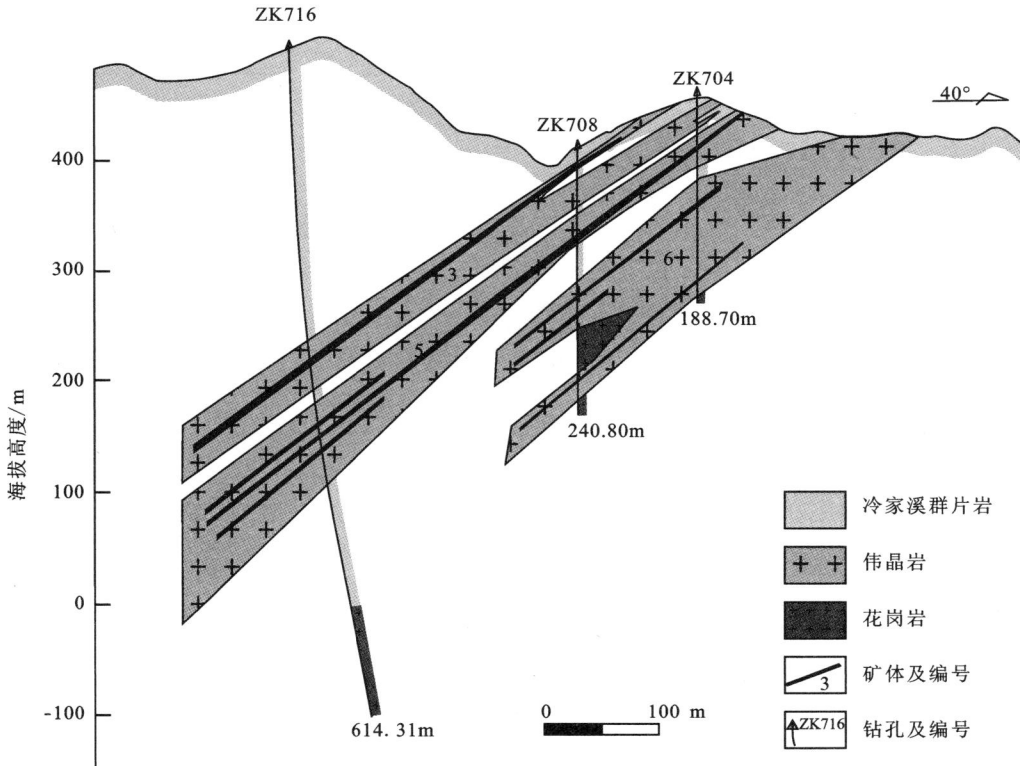

图3-5　湖南仁里铌钽矿床7勘探线剖面图[3]

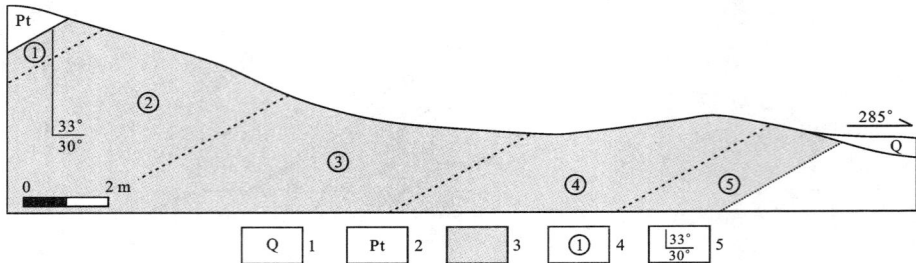

图3-6 湖南仁里铌钽矿床5号伟晶岩分带示意图[2]

1—第四系；2—元古代片岩；3 伟晶岩；4—伟晶岩分带编号：①—文象结构带；②—粗粒钠长石带；
③—中粒白云母钠长石带；④—细粒含石榴子石钠长石带；⑤—锂云母石英核；5—产状

伟晶岩的类型及结构构造观察：伟晶岩类型的识别、主要矿物组成及矿物形态特征。如微斜长石伟晶岩，主要矿物包括微斜长石（55%）、钠长石（15%）、石英（25%）、白云母（5%），其中微斜长石为浅肉红色，半自形板柱状、它形粒状，镜下微斜长石可见格子双晶；钠长石为自形短柱状，镜下可见聚片双晶；石英常与微斜长石形成文象结构，也呈它形粒状与钠长石一起呈团块状分布，镜下石英具波状消光。观察各类伟晶岩中铌钽铁矿的产出特征，如钠长石伟晶岩中，铌钽铁矿多呈针状、薄板状分布于钠长石中。

表3-1 湖南仁里—传梓源铌钽锂矿床实验标本

样号	名称	样号	名称
仁001	绢云母片岩	仁007	钠长石伟晶岩
仁002	含石榴子石片岩	仁008	锂辉石-钠长石伟晶岩
仁003	黑云母二长花岗岩	仁009	含铌钽铁矿伟晶岩矿石
仁004	二云母二长花岗岩	仁010	含绿柱石伟晶岩矿石
仁005	微斜长石伟晶岩	仁011	含锂辉石伟晶岩矿石
仁006	微斜长石-钠长石伟晶岩		

（5）通过实验观察及所学的知识，分析铌钽锂花岗伟晶岩矿床的可能的形成过程。查阅湘东北地区花岗岩与伟晶岩的地球化学资料、成岩成矿时代资料、成矿流体来源及成矿温度压力资料，分析稀有金属伟晶岩矿床成矿过程。

3.3 矿床资料及素材

湖南幕阜山地区稀有金属花岗伟晶岩矿床勘查始于20世纪70年代，重要勘查突破是2017年发现仁里超大型铌钽矿床[2]。该矿床与东南侧的传梓源中型锂矿床构成幕阜山岩体南缘仁里—传梓源铌钽锂矿集区。

1. 区域地质背景

湘东北地区大地构造上位于扬子陆块东南缘江南新元古代造山带中段北缘之湘东北断隆带，处于扬子陆块与华夏陆块的过渡部位。

区内分布地层有新元古界仓溪岩群、冷家溪群、南华系、震旦系、寒武系、奥陶系、志留系、白垩系、古近系及第四系等地层。主要以新元古界冷家溪群以及白垩系、古近系地层最为发育。冷家溪群为本区基底岩石，分布广泛，厚度巨大，原岩以陆源碎屑浊积岩为主，夹有火山碎屑岩，经区域变质后形成一套浅变质的板岩、砂质板岩、凝灰质板岩及变质砂岩等，在区内岩体外接触带则形成环带状分布的片岩、千枚岩带。区域构造演化经历了前加里东构造拼合—印支期俯冲汇聚—燕山早期汇聚走滑—燕山晚期离散走滑等复杂的演化过程[2]。总体上形成以东西向构造为基础，以北（北）东向构造为主导，以北西（西）向构造为辅助的构造格架，一系列倾向南东的低角度逆冲断层和水平褶皱相间出露，不同规模断层常构成叠瓦状的逆冲断层。区内岩浆活动频繁，延续时间长，有多期次的岩浆侵入，最早期花岗闪长质岩浆侵入为武陵期，燕山期的构造－岩浆活动规模大、分布广，形成以燕山期侵入为主的幕阜山大型复式岩体[2]。区域矿产种类丰富，除幕阜山岩体及外缘发育的锂、铍、铌、钽等伟晶岩型稀有金属矿床外，湘东北地区亦是重要的金矿成矿区，此外还有多处钨、铜、银、铅、锌矿床（点）。

2. 矿区地质

（1）矿区地层。

矿区出露地层简单，主要为冷家溪群及第四系。冷家溪群为一套变质岩系，主要由云母片岩、千枚岩及板岩组成，在与花岗岩接触的外带出露混合岩。自接触带由近而远出现混合岩—片岩—千枚岩—板岩，岩层整体呈北西向展布，反映区域北西向—近东西向基底构造的形迹，倾向南西，倾角一般20°～50°，产状较缓[5]。

（2）矿区构造。

矿区断裂构造发育，主要为北东向和北北西向断裂，北西向脉岩密集出露反映了早期北西向构造的痕迹。仁里矿床位于北东向天宝山—石浆断裂（F_{12}）和九鸡头苏姑断裂的夹持部位，矿床构造格架呈"人"字形。主要构造有近南北走向的黄柏山压扭性断裂（F_{75}）及其次级构造庙湾里—千坡里断裂（F_{75-1}）、北东走向的大山里—廖山里压扭性断裂（F_{73}）、北北西走向的柘江桥—江背压扭性断裂（F_{72}）及其3条次级构造、北东走向的江家坊—南江压扭性断裂（F_{84}）与北东走向的天宝山—石浆压扭性断裂（F_{12}），其中黄柏山张扭性断裂（F_{75}）贯穿矿床西部主要的含铌钽伟晶岩脉[5]。传梓源矿区构造主要由北东向断裂控制，由四条较大的压扭性断裂组成，矿区发育的一系列北西向压扭性裂隙，控制着赋矿伟晶岩的产出。

（3）幕阜山岩体地质特征。

幕阜山花岗岩体是湘东北出露面积最大的岩体，横跨湖南东北部，江西西部和湖北的东南部，出露面积2440 km²。该岩体从早到晚经历了燕山早期及燕山晚期两次大的岩浆侵位活动，形成了多期次叠加的复式岩体，以中深成、中—浅成侵入岩为主，主要是中酸性—酸性花岗岩类及基性、中酸性、酸性脉岩类，按岩性依次有闪长岩、花岗闪长岩、黑云母二长花岗岩、二云母二长花岗岩及二云母花岗岩等（图3－1），一般呈较大的岩基或岩株产出[5, 6]。

（4）矿区伟晶岩及其分带。

矿区伟晶岩脉分布较密集，地表可见露头140条，伟晶岩脉赋存于幕阜山复式岩体及其围岩冷家溪群片岩中(图3-2)。伟晶岩脉北西走向,倾向南西,成群出现。花岗岩体内的伟晶岩脉,受断裂和小岩株控制,规模较小,产状较复杂,如36、13、21号脉。富含铌钽矿化的伟晶岩脉主要产于距离岩体接触带0.2~2 km范围内的冷家溪群片岩中,顶底板为板岩或片岩或花岗岩,封闭性好,有利于矿化的富集沉淀。这类伟晶岩脉受规模较大的一组层状构造与燕山期岩浆岩联合控制,总体呈北西向平行的雁列式排列(如2、3、5、6号脉)。

根据矿物组合特征,从岩体向围岩方向伟晶岩可分为4种类型(图3-2):Ⅰ微斜长石型(岩体内)、Ⅱ微斜长石—钠长石型(距岩体0~2.5 km)、Ⅲ钠长石型(2.5~3.0 km)、Ⅳ钠长石—锂辉石型(大于3.0 km)。四种类型呈北东—南西向带状分布[3]。相对富钠长石的微斜长石—钠长石型伟晶岩和钠长石型伟晶岩具有较好的铌钽矿化,相对富锂辉石的锂辉石—钠长石伟晶岩主要以锂矿化为主,铌钽矿化次之。

3.矿体特征。

矿区范围内由幕阜山岩体内部向外,出现从铍为主的矿化—以铌钽为主的矿化—以铌钽锂为主的矿化。仁里铌钽矿床的伟晶岩属于Ⅲ类,传梓源锂矿床的伟晶岩属于Ⅳ类。

(1)仁里铌钽矿床。

目前发现铌钽矿脉14条,圈定铌钽工业矿体17个,其中岩体内矿体7个,岩体外矿体10个,钽铌矿主要集中在矿区中部的3、5、6号矿脉中(图3-3),其钽矿资源量占全矿段的84%[3]。矿体严格受伟晶岩控制,这些伟晶岩顶板为板岩,底板为板岩或花岗岩。矿体主要特点为:矿体密集,规模大,品位高,且形态简单,呈单层状产出,整体为北西走向,倾向南西,倾角25°~56°。

5号脉为仁里矿床矿体规模最大、分带性最好的铌钽矿脉(图3-5、图3-6),为微斜长石—钠长石型矿脉。5号脉侵位于冷家溪群片岩中,距幕阜山岩体1.0~2.5 km,脉长4.0 km,厚0.94~8.09 m,为北西走向,倾向198°~228°,倾角25°~56°(图3-5)。矿脉由3个矿体组成,主体矿体长2040 m,控制斜深746 m,平均厚度3.04 m。矿体平均品位:Ta_2O_5 0.040%,Nb_2O_5为0.054%。

铌钽矿化主要赋存于粗粒白云母钠长石伟晶岩和锂云母石英核中[2]。矿石中主要的稀有金属矿物为锰铌钽铁矿、细晶石、绿柱石,锂云母,另见辉钼矿、辉铋矿等金属矿物;非金属矿物主要为长石、石英、云母,以及石榴子石,电气石等。矿石的主要结构有文象结构,中粗粒结构,交代残余结构、交代结构。矿石构造主要为块状构造、斑杂状构造,另可见晶洞构造。铌钽矿主要呈块状、针状、细粒状分布于钠长石颗粒间。

(2)传梓源锂矿床。

传梓源矿床稀有金属伟晶岩脉产于冷家溪群片岩中(图3-4),目前矿区发现成矿较好矿脉32条,形成51个工业矿体,其中主要矿脉7条,最大一条脉组长1000~1700 m,主单脉长400~1200 m,厚度约20 m,最厚达25.39 m,延深大于250 m。按走向可分为北西向脉体和南北向脉体[5]。北西向脉体受北西向压扭性裂隙控制,总体走向277°~314°,分支复合频繁,矿体长一般大于200 m,厚度0.87~9.13 m,矿体向南东倾伏,倾伏角20°~30°,倾角65°~82°。南北向共10条伟晶岩脉构成矿体,呈板脉状、支岔脉状等,矿体长度100~174 m,少数长度为64~85 m,厚度1.7~3.77 m,倾向280°~230°或110°~130°,倾角60°~80°,矿体向南南东倾伏,倾伏角30°~45°[7]。

含稀有金属伟晶岩主要为钠长石伟晶岩和锂辉石伟晶岩两种类型[5]。矿石中主要的稀有金属矿物为锂辉石、铌钽铁矿、锰钽矿、锂云母、细晶石、绿柱石、矽铍石、铪锆石等；非金属矿物主要为钠长石、石英、白云母，以及石榴子石、电气石等。矿石结构以花岗伟晶结构为主，石英呈半自形—它形粒状结构，钠长石自形—半自形糖粒状结构，白云母呈细片状结构，锂辉石为长柱状结构，解理发育，铌钽铁矿呈柱状、板柱状，细粒状结构。矿石构造以块状构造、条带状构造为主。

4. 成矿作用素材

（1）成岩成矿年代学。

前人对幕阜山花岗岩及伟晶岩的成岩成矿年代开展了一系列研究，获得大批年龄数据，见表 3-2。从年龄数据可见，幕阜山花岗岩体从闪长岩到二云母花岗岩年龄从 154~98 Ma，存在多期次岩浆活动，演化时间为侏罗纪至白垩纪，时间跨度约 60 Ma。稀有金属伟晶岩矿床成矿年龄在 130 Ma 左右。

表 3-2　幕阜山地区成岩成矿年龄数据表[5, 6]

岩性	测试年龄	测试方法
闪长岩	154 Ma	锆石 U—Pb
花岗闪长岩	151~153 Ma	锆石 U—Pb
黑云母二长花岗岩	143~151 Ma	锆石 U—Pb
二云母二长花岗岩	131~137 Ma	锆石 U—Pb
	140 Ma	独居石 U—Pb
二云母花岗岩	98 Ma	黑云母 Ar—Ar
	102 Ma	白云母 Ar—Ar
含铌钽铁矿白云母钠长石伟晶岩	128 Ma	白云母 Ar—Ar
含绿柱石白云母钠长石伟晶岩	131 Ma	白云母 Ar—Ar

（2）成矿流体来源及演化。

据文春华等[5]研究表明仁里伟晶岩矿床的氢、氧同位素（δD_{V-SNOW} 值为 $-84‰ \sim -73‰$，$\delta^{18}O_{V-SNOW}$ 值为 $+11.7‰ \sim +12.7‰$，$\delta^{18}O_{H_2O}$ 值为 $+1.5‰ \sim +4.6‰$）和传梓源矿床伟晶岩的氢、氧同位素（δD_{V-SNOW} 值为 $-75‰ \sim -70‰$，$\delta^{18}O_{V-SNOW}$ 值为 $+13.4‰ \sim +13.9‰$，$\delta18O_{H_2O}$ 值为 $+1.2‰ \sim +2.9‰$），说明成矿流体来自岩浆热液。包裹体的气相和液相成分分析结果也反映出成矿流体具岩浆热液的特征。包裹体显微测温显示仁里矿床钠长石伟晶岩包裹体均一温度众值为 250~300℃，后期伟晶岩体包裹体均一温度众值为 190~210℃；传梓源矿床钠长石伟晶岩包裹体均一温度众值区间为 190~210℃，锂辉石伟晶岩包裹体均一温度众值为 150~170℃。反映仁里矿床和传梓源矿床钠长石伟晶岩阶段铌钽矿形成中—高温条件下，而传梓源矿床锂辉石伟晶岩和仁里矿床后期伟晶岩在岩浆演化的最后阶段成矿，相对较低的中—低温条件下沉淀形成锂辉石或脉状石英—铌钽矿。

思考题

1. 结合幕阜山地区，花岗伟晶岩脉的主要控制地质条件有哪些？
2. 伟晶岩的分带特征及其与稀有金属成矿的关系？
3. 不同矿化类型的稀有金属伟晶岩矿脉形成条件有什么差异？

参考文献

[1] 李乐广，王连训，田洋，等. 华南幕阜山花岗伟晶岩的矿物化学特征及指示意义[J]. 地球科学，2019，44(7)：2532 – 2550.

[2] 刘翔，周芳春，黄志飚，等. 湖南平江县仁里超大型伟晶岩型铌钽多金属矿床的发现及其意义[J]. 大地构造与成矿学，2018，42(2)：235 – 243.

[3] 周芳春，刘翔，李建康，等. 湖南仁里超大型稀有金属矿床的成矿特征与成矿模型[J]. 大地构造与成矿学，2019，43(1)：77 – 90.

[4] 文春华，陈剑锋，罗小亚，等. 湘东北传梓源稀有金属花岗伟晶岩地球化学特征[J]. 矿物岩石地球化学通报，2016，35(1)：171 – 177.

[5] 文春华，邵拥军. 湘东北地区稀有金属成矿作用研究[M]. 长沙：中南大学出版社，2019.

[6] 李鹏，李建康，裴荣富，等. 幕阜山复式花岗岩体多期次演化与白垩纪稀有金属成矿高峰：年代学依据[J]. 地球科学，2017，42(10)：42 – 54.

[7] 李昌元，戴塔根，余宗文，等. 湖南省传梓源铌钽矿床地质特征及成因探讨[J]. 南方金属，2016，(3)：19 – 23.

实验四

接触交代矿床——安徽冬瓜山铜金矿床

4.1　实验目的与要求

（1）通过本实验，了解接触交代矿床形成的地质条件及控制因素。

（2）掌握接触交代矿床矿体的产状、矿石特征、围岩蚀变及其分带特征。

（3）了解接触交代矿床成矿期次划分及其成矿过程。

4.2　实验内容及步骤

（1）安徽冬瓜山铜金矿床位于安徽铜陵矿集区内，阅读图4-1，了解铜陵地区地层分布、岩浆岩及区域构造特征；结合地层柱状图（图4-2），了解岩浆岩与围岩可能发生接触交代的有利地层层位。

（2）阅读安徽冬瓜山铜金矿床地质简图（图4-3）及勘探线剖面图（图4-4、图4-5）。了解以下问题：①矿区地层、岩体分布情况；②矿区构造特点；③石英闪长岩体的形态产状；④接触反应的性质、分布和宽度；⑤矿体的形态、产状、规模以及成矿后的构造破坏情况。综合上述几点，分析本矿床形成的地质条件和成矿控制因素。

（3）观察岩石、矿石标本（表4-1）及相应的光薄片，重点了解：

①对比蚀变石英闪长岩与石英闪长岩在矿物组成、结构构造上的差别以及矿物之间的交代关系，从中可见到石英闪长岩中的角闪石被透辉石交代，以及长石的反环带结构等，分析在成矿过程中内蚀变带的变化情况。

②观察蚀变围岩及矽卡岩的矿物组成，对于这些接触交代反应所形成的岩石，观察时应注意它们的重结晶情况和斑状变晶结构特点，掌握接触变质岩和接触交代岩的特征。将标本与地质平面图和剖面图联系起来，初步了解接触交代反应带的结构特点（带状分布等）。

③观察矿石的矿物组成，了解矿石结构构造特点，注意有用矿物的粒度及分布情况。观察分析矿石中磁铁矿及金属硫化物与矽卡岩类矿物三者之间的关系，提供分析成矿过程的资料。

（4）综合分析：综合矿床产出地质条件、矿床特征，结合成矿物质来源、成矿流体来源、成矿物理化学条件等，分析接触交代矿床的成矿过程及成矿规律。

表 4-1　安徽冬瓜山铜金矿床实验标本

序号	标本名称	序号	标本名称
冬-1	石英闪长岩	冬-9	磁铁矿矿石
冬-2	矿化石英闪长岩	冬-10	磁黄铁矿矿石
冬-3	蚀变石英闪长岩	冬-11	黄铁矿黄铜矿矿石
冬-4	石榴子石矽卡岩	冬-12	纹层状黄铁矿黄铜矿矿石
冬-5	透辉石矽卡岩	冬-13	硅质岩
冬-6	硅灰石矽卡岩	冬-14	石英砂岩
冬-7	阳起石矽卡岩	冬-15	大理岩化灰岩
冬-8	蛇纹石矽卡岩	冬-16	灰岩

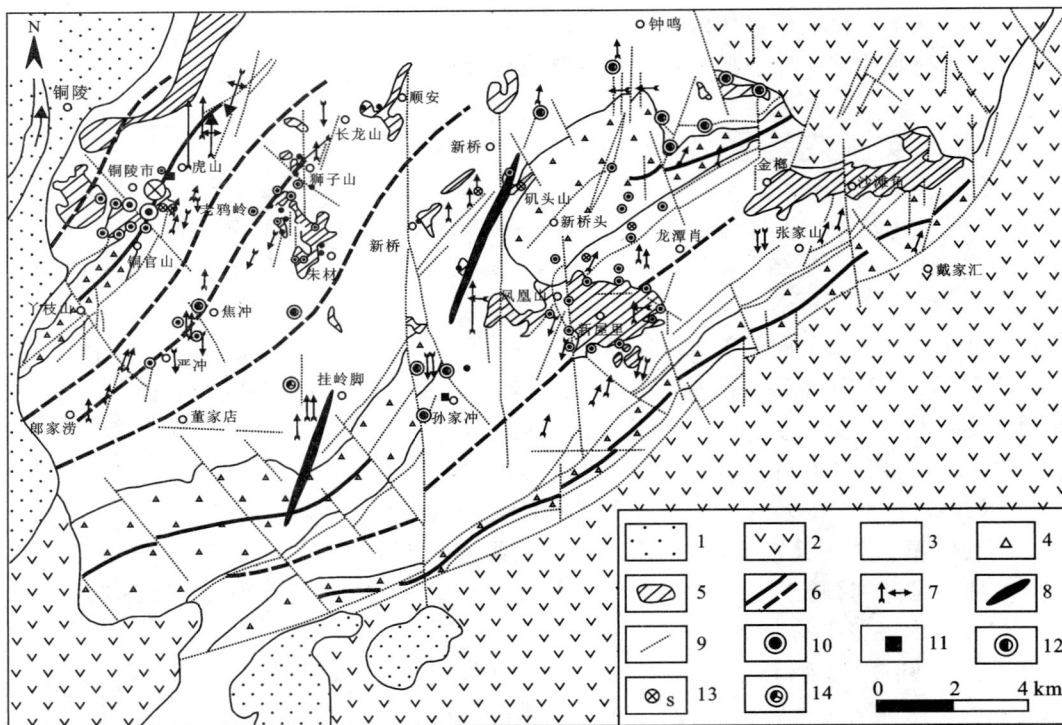

图 4-1　安徽铜陵矿集区地质矿产简图[1]

1—第三系泥岩、砾岩夹玄武岩；2—侏罗系—白垩系凝灰质砂砾岩、英安质火山岩；3—泥盆系—三叠系碳酸盐岩；4—志留系砂岩、粉砂岩；5—中生代石英二长闪长岩、花岗闪长岩；6—印支期复式向斜、复式背斜；7—燕山早期中小型褶皱；8—燕山晚期复式褶皱；9—断裂；10—铜矿床；11—铁矿床；12—铅锌矿床；13—黄铁矿矿床；14—多金属矿床

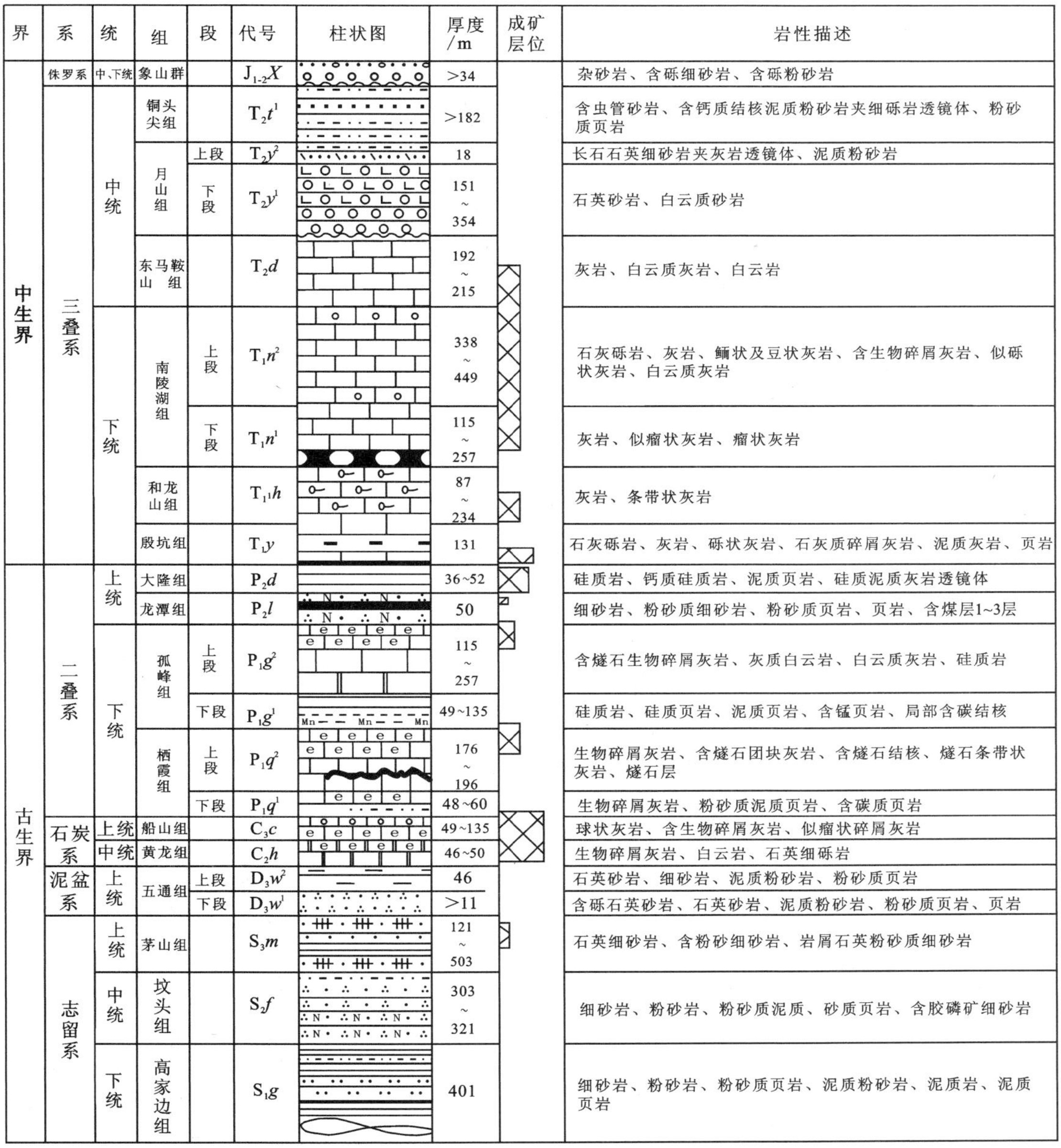

界	系	统	组	段	代号	柱状图	厚度/m	成矿层位	岩性描述
中生界		侏罗系	中、下统	象山群		$J_{1-2}X$		>34		杂砂岩、含砾细砂岩、含砾粉砂岩
	三叠系	中统	铜头尖组		T_2t^1		>182		含虫管砂岩、含钙质结核泥质粉砂岩夹细砾岩透镜体、粉砂质页岩
			月山组	上段	T_2y^2		18		长石石英细砂岩夹灰岩透镜体、泥质粉砂岩
				下段	T_2y^1		151~354		石英砂岩、白云质砂岩
			东马鞍山组		T_2d		192~215		灰岩、白云质灰岩、白云岩
		下统	南陵湖组	上段	T_1n^2		338~449		石灰砾岩、灰岩、鲕状及豆状灰岩、含生物碎屑灰岩、似砾状灰岩、白云质灰岩
				下段	T_1n^1		115~257		灰岩、似瘤状灰岩、瘤状灰岩
			和龙山组		T_1h		87~234		灰岩、条带状灰岩
			殷坑组		T_1y		131		石灰砾岩、灰岩、砾状灰岩、石灰质碎屑灰岩、泥质灰岩、页岩
古生界	二叠系	上统	大隆组		P_2d		36~52		硅质岩、钙质硅质岩、泥质页岩、硅质泥质灰岩透镜体
			龙潭组		P_2l		50		细砂岩、粉砂质细砂岩、粉砂质页岩、页岩、含煤层1~3层
		下统	孤峰组	上段	P_1g^2		115~257		含燧石生物碎屑灰岩、灰质白云岩、白云质灰岩、硅质岩
				下段	P_1g^1		49~135		硅质岩、硅质页岩、泥质页岩、含锰页岩、局部含碳结核
			栖霞组	上段	P_1q^2		176~196		生物碎屑灰岩、含燧石团块灰岩、含燧石结核、燧石条带状灰岩、燧石层
				下段	P_1q^1		48~60		生物碎屑灰岩、粉砂质泥质页岩、含碳质页岩
	石炭系	上统	船山组		C_3c		49~135		球状灰岩、含生物碎屑灰岩、似瘤状碎屑灰岩
		中统	黄龙组		C_2h		46~50		生物碎屑灰岩、白云岩、石英细砾岩
	泥盆系	上统	五通组	上段	D_3w^2		46		石英砂岩、细砂岩、泥质粉砂岩、粉砂质岩
				下段	D_3w^1		>11		含砾石英砂岩、石英砂岩、泥质粉砂岩、粉砂质岩、页岩
	志留系	上统	茅山组		S_3m		121~503		石英细砂岩、含粉砂细砂岩、岩屑石英粉砂质细砂岩
		中统	坟头组		S_2f		303~321		细砂岩、粉砂岩、粉砂质泥质、砂质页岩、含胶磷矿细砂岩
		下统	高家边组		S_1g		401		细砂岩、粉砂岩、粉砂质泥质岩、泥质粉砂岩、泥质岩、泥质页岩

图4-2　铜陵矿集区志留系—侏罗系地层柱状图[2]

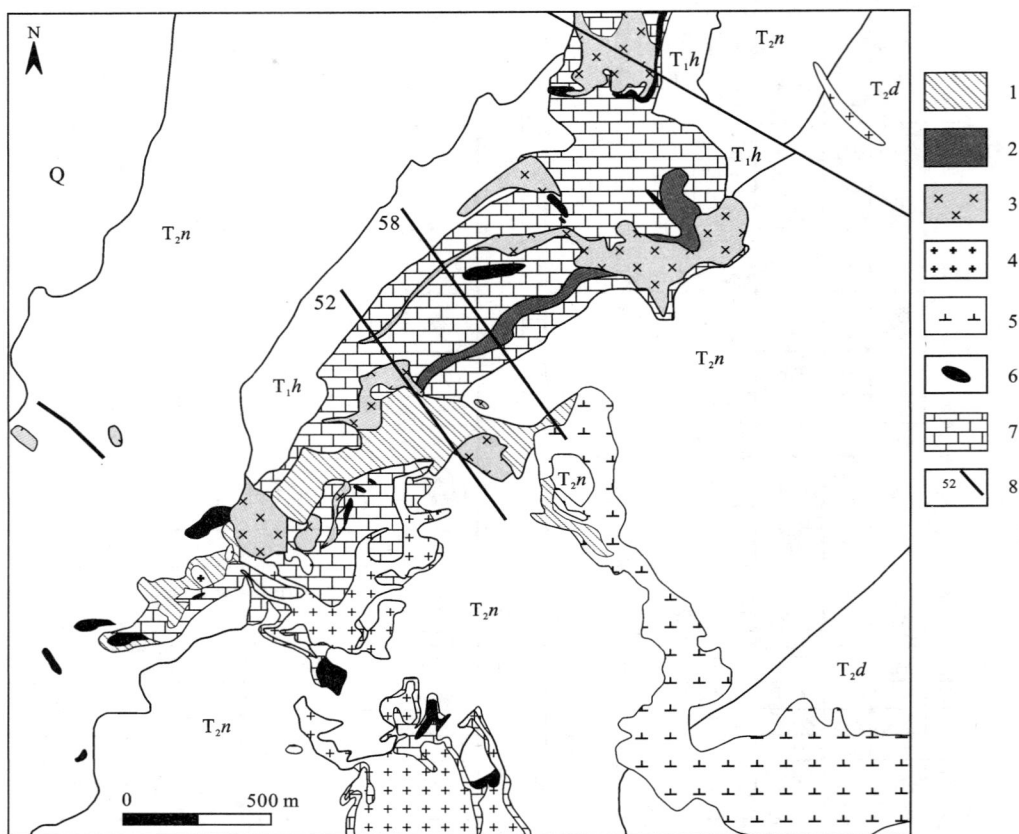

图 4 - 3　安徽冬瓜山铜金矿床地质简图(据安徽省地矿局 321 地质队,1985)

1—矽卡岩化角砾岩;2—角岩;3—闪长岩;4—石英闪长岩;5—辉石闪长岩;6—铜矿体;7—层状矽卡岩;
8—勘探线;Q—第四系;T₂n—中三叠统南陵湖组;T₂d—中三叠统东马鞍山组;T₁h—下三叠统和龙山组

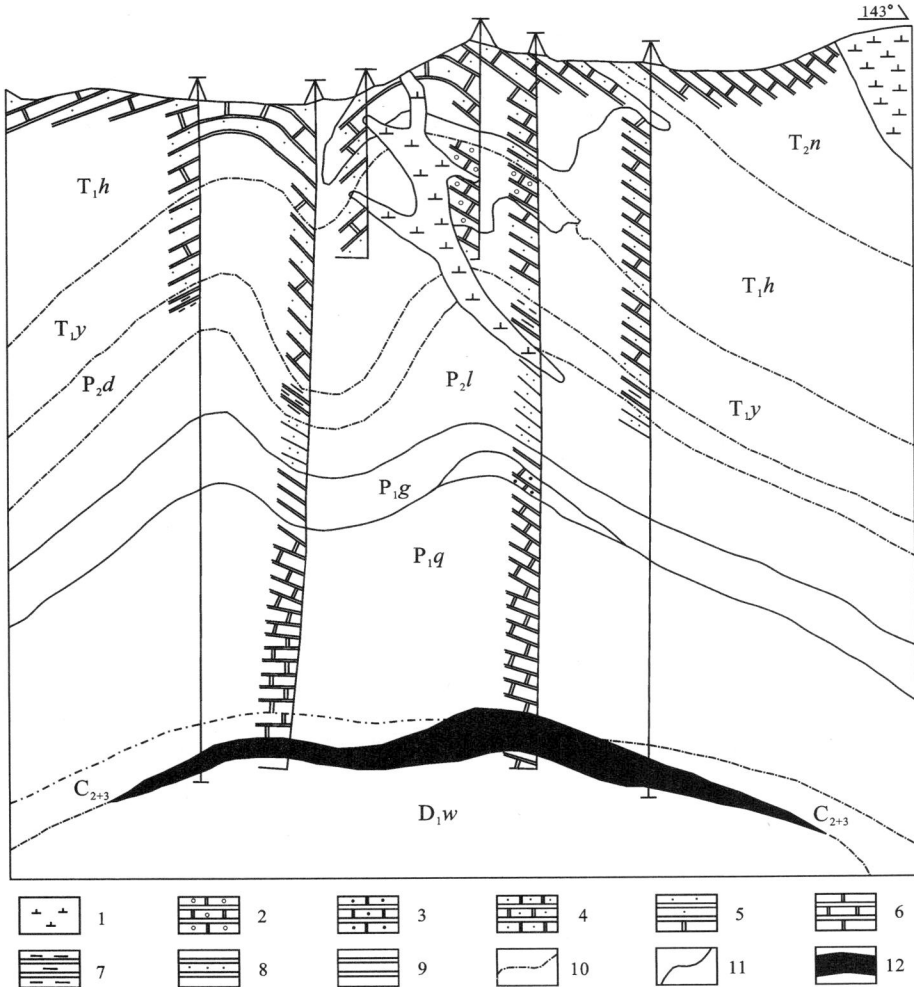

图 4－4　冬瓜山铜金矿床 58 勘探线剖面图（据安徽省地矿局 321 地质队，1985）

1—石英闪长岩；2—条带状矽卡岩；3—层状矽卡岩；4—角岩与大理岩互层；5—角岩夹大理岩；
6—大理岩；7—硅质页岩；8—砂岩；9—硅质岩；10—地层界线；11—地质界线；12—矿体；
T_2n—南陵湖组；T_1h—和龙山组；T_1y—殷坑组；P_2d—大隆组；P_2l—龙潭组；P_1g—孤峰组；
P_1q—栖霞组；C_{2+3}—黄龙组＋船山组；D_1w—五通组

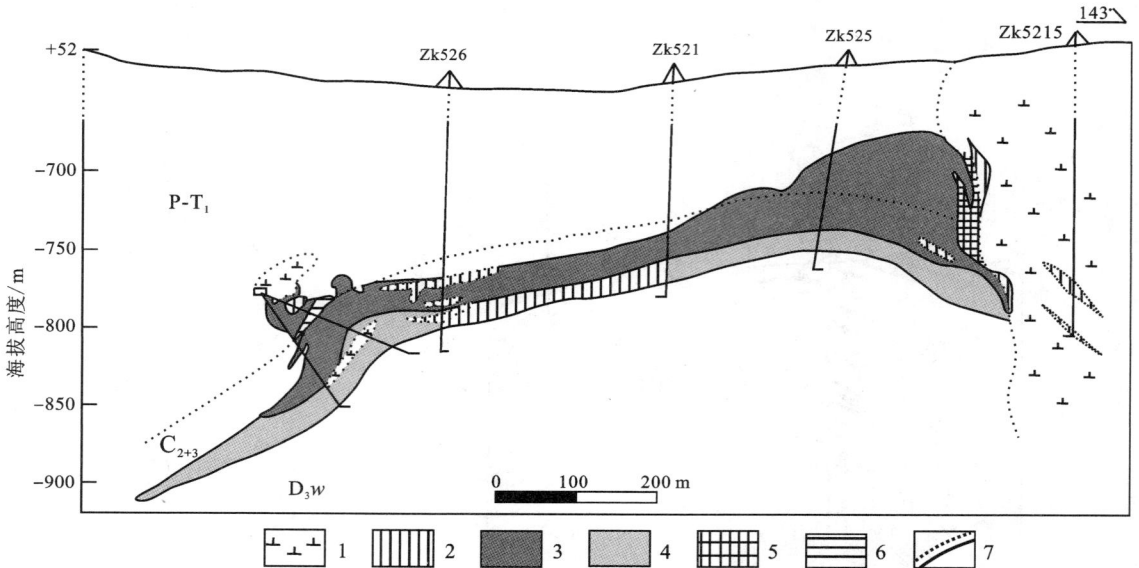

图 4-5　冬瓜山铜金矿床 52 勘探线剖面图（据安徽省地矿局 321 地质队，1985）

1—石英闪长岩；2—矿化石英闪长岩；3—含铜磁黄铁矿矿体；4—含铜蛇纹石矿体；5—矽卡岩矿体；6—含铜磁铁矿矿体；7—实测或推测地质界线；$P-T_1$—二叠系—下三叠统灰岩、硅质岩；C_{2+3}—中—上石炭统黄龙组—船山组灰岩；D_3w—五通组砂岩

4.3　矿床资料及素材

冬瓜山铜金矿床位于安徽省铜陵市狮子山区，属于长江中下游成矿带铜陵矿集区狮子山矿田。冬瓜山铜金矿床发现于 1976 年，目前矿区探明铜金属总量达 100 万吨，金金属量 26 吨，硫 1800 余万吨，具有较大的经济价值。

（1）区域地质背景

铜陵矿集区大地构造位置位于下扬子坳陷之相对隆起区[2]（图 4-1）。矿集区内自志留系以上的地层均有出露，累计总厚度在 4500 m 以上[3]，志留系至第三系在本区最为发育（图 4-2），区内地层的岩相岩性从早到晚有明显的递变规律，但以浅海和滨海相的碳酸盐岩为主（累计厚度在 1500 m 以上）。该区的铜矿床基本上产于浅海至滨海相不纯碳酸盐岩地层中，其中最重要的层位是石炭系的黄龙组、船山组和下三叠统南陵湖组，矿体产出层位为陆相砂岩页岩—海相碳酸盐岩—陆相砂岩页岩之间的岩性岩相变化的过渡部位。

铜陵地区构造包括北东、东西、北北东、南北和北西等 5 个方向。北东向构造主要为"S"形隔挡式褶皱带，由北东向 S 形褶皱及其伴生的断层、层间滑脱构造组成；东西向构造主要以基底断裂和盖层叠加褶皱为主；北北东向构造主要由压剪性断裂带、挤压片理带和褶皱构造组成，规模较小；南北向构造主要由基底断裂及挤压构造带组成；北西向构造以逆冲断裂和挤压破碎带为主[4]。其中以东西向、北东向和北北东向构造为主，与本区成岩成矿作用关系密切，控制了本区矿床的产出，形成了本区以铜官山—狮子山—新桥—凤凰山—沙滩角—

戴汇各矿田为主体的近东西向矿田(床)集中产出区。

铜陵地区燕山期岩浆活动强烈,发育 70 余处小岩株、岩枝或岩墙,单个岩株面积为 0.5 ~2.5 km²,最大可达 2.5 km²。岩体为钙碱性—碱性中酸性岩类,岩性以辉石闪长岩、石英闪长岩、石英二长闪长岩及花岗闪长岩为主[5]。与铜矿床关系密切的为石英闪长岩类,包括铜官山、金口岭、青山脚、包村、矶头山、凤凰山、沙滩角和舒家店等岩株。岩体的分布受基底构造控制作用明显,总体呈近东西向分布。但单个岩体的侵位及其产出状态主要受盖层构造控制,呈北东或北北东向展布(图 4-1)。除侵入岩外,铜陵地区东北部还发育晚侏罗世至早白垩世陆相火山岩及其火山沉积岩。

2. 矿区地质

(1)矿区地层。

矿区地层(图 4-2),自泥盆系至上二叠统均有出露,其中与成矿关系密切的主要为中—上石炭统黄龙组和船山组(C_{2+3})不纯碳酸盐岩、下二叠统栖霞组(P_1q)生物碎屑灰岩、沥青质灰岩夹硅质岩、矽卡岩,其次有上二叠统大隆组(P_2d)硅质、钙质、泥质页岩、下三叠统殷坑组(T_1y)不纯碳酸盐岩(表 4-2)。

(2)矿区构造。

①褶皱及层间滑脱构造。

矿区位于青山背斜的北东段,该背斜为大通—顺安复向斜的次级褶皱。青山背斜总体走向 35°~45°,走向长 21.5 km,宽 8 km;背斜形态复杂,南西端向西偏移、北东端向东偏移,呈"S"形展布,枢纽波状起伏,向北东倾伏。

青山背斜形成过程中受不均匀水平应力及横跨褶皱叠加的双重影响,导致在 C_{2+3}/D_3w、P_1g/P_1q、P_2d/P_2l、T_1l/P_2d 等岩石力学性质差异较大的界面上发生层间滑脱。层间滑脱构造为本区发育多层状的层状矽卡岩矿体提供了有利的空间。

②断裂。

矿区与成岩成矿关系密切的断裂构造主要包括不同时期形成的近东西向、南北向,北北东向等三组断裂,由于三组断裂的相互叠加复合,形成了本区"网格状"构造格架。

早期断裂主要由近南北向和东西向断裂组成,且大多被燕山期岩体侵位。近南北向断裂包括大团山—西狮子山断裂、白芒山—羊山尖断裂、青山脚—东狮子山断裂、包村断裂等,这些断裂大体上向东倾斜,倾角 70°~80°。东西向断裂包括鸡冠山断裂、小冲—兰花冲断裂、曹山—小冬瓜山断裂等,断裂被辉石闪长岩、闪长岩或石英闪长岩所侵入。另外,还有青山脚—东狮子山长达 1 km 的北东向断裂,显示多期次继承性复合构造特征。断裂带岩性主要为角砾状内矽卡岩,延深至 1000 m 以下,表现为隐爆裂隙—岩筒型构造。晚期断裂主要表现为张性或张扭性破碎带。

(3)岩浆岩。

矿区岩浆岩为北东向及北北东向展布的浅成、超浅成相岩株,岩石为高钾钙碱性系列的辉石闪长岩、石英闪长岩等,晚期还发育辉绿岩、煌斑岩、花岗斑岩、闪长玢岩等岩脉。与冬瓜山铜金矿床成因有关的岩体为青山脚岩体。青山脚岩体主要由石英闪长岩及斑状石英闪长岩组成,分布于 34 线~54 线东南部,主要受北东向构造控制。岩体呈上窄下宽的岩墙状产出,地表出露宽度仅为 50~100 m,至 -400 m 标高宽约 150 m,-600 m 标高宽度可达 300 m 以上。岩体总体呈北东走向,倾向南东,倾角大于 75°。岩体两侧小岩枝发育,呈"枝杈状"

顺层贯入围岩。青山脚岩体锆石 U – Pb 年代学研究显示岩体形成于 135 Ma 左右[5,6]，属于燕山期岩浆岩。

3. 矿体特征

冬瓜山铜矿床主要矿体为层状矿体，该矿体占矿床铜金属储量98.8%，其余见矿的均为小矿体。主矿体形态和矿化强度受青山背斜和岩体接触带构造的控制，形成了产于背斜核部的层状矽卡岩及矿体。此外在青山角岩体的顶部发育网脉状矿化，形成了斑岩型铜矿体，矿石储量不足1%。现将与接触交代有关的层状主矿体简述如下。

层状主矿体赋存于青山背斜的轴部及两翼，严格地受中、上石炭统黄龙—船山组（C_{2+3}）层位控制，但局部出现跨层现象：矿体顶界常在背斜隆起部位和岩体接触带部位上跨至二叠系下统栖霞组层位，成为矿体厚大地段。在背斜隆起部位跨层幅度较小，一般为 1.71 ~ 3.60 m；而在岩体接触带部位跨层幅度较大，一般为 20.00 ~ 23.72 m，最大达 47.66 m。矿体底界与泥盆系上统五通组顶界近于整合接触，偶有矿体底界下延至该组顶部 0.61 ~ 2.67 m（如在岩体旁侧），幅度不大。

矿体呈似层状，长度超过 1800 m，水平宽度 300 ~ 800 m，其产状与围岩基本一致，走向35°，分别向北西和南东向倾斜，倾角 10° ~ 25°。沿走向与倾向均呈波状起伏，总趋势向北东向倾伏，倾伏角 10°左右。位于背斜轴部及受近东西向构造叠加影响的隆起部位的矿体厚度大，处在翼部及下凹部位的矿体厚度相对变薄；近岩体部位的矿体厚度大，远离岩体的矿体厚度小。

4. 矿石特征

接触交代作用形成的矿石较为复杂，根据矿石矿物组合可分为矽卡岩型矿石和退化蚀变岩型矿石，二者之间为渐变关系。

矽卡岩型矿石在岩体与围岩的接触带内以及层状矿体局部地段均可见到，金属矿物以黄铜矿、磁黄铁矿及磁铁矿为主，呈团块状分布于矽卡岩中。矽卡岩又可分为钙质矽卡岩和镁质矽卡岩，钙质矽卡岩矿物以石榴子石、透辉石、绿帘石等为主；镁质矽卡岩以镁橄榄石、粒硅镁石、透闪石、蛇纹石为主，可见镁橄榄石退化蚀变为蛇纹石，透闪石蚀变为滑石等现象。退化蚀变岩型矿石分布广泛，为层状矿体的主要矿石类型，金属矿物主要为磁铁矿、磁黄铁矿、黄铁矿、黄铜矿等，次为斑铜矿、辉铜矿、闪锌矿、黝铜矿、辉钼矿、方铅矿、自然金、赤铁矿等；非金属矿物主要为石英、方解石、石榴子石、透辉石、绿帘石等、次为阳起石、透闪石、硬石膏等。层状主矿体底部可见纹层状矿石，由镁质矽卡岩退化蚀变形成蛇纹石、透闪石、滑石、黄铜矿、黄铁矿和磁黄铁矿组合，并经自组织作用形成纹层状和曲卷状构造。

矿石可利用元素主要包括 Cu、Au 和 S，三者平均品位为 1.02% 、0.26g/t 和 20.64% 。

5. 围岩蚀变及成矿期次

矿区围岩蚀变强烈，主要包括石榴子石、透辉石、镁橄榄石等矽卡岩化、石英钾长石化、石英绢云母化、蛇纹石化、碳酸盐化、绿泥石化，其次为硬石膏化及滑石化等蚀变，金属矿物的富集与矽卡岩化、硅化、钾长石化、石英绢云母化及早期矽卡岩的退化蚀变有密切的联系。从岩体到围岩蚀变分带依次为岩体—石英钾长石化带—石英绢云母化带—泥化带 + 青盘岩化带—矽卡岩化带—角岩化带—大理岩（大理岩化灰岩）—灰岩。

根据矿脉相互穿插关系、矿物共生组合以及矿石结构与矿石构造特征，冬瓜山铜金矿床主矿体经历了矽卡岩成矿期，包含矽卡岩阶段、退化蚀变阶段、石英—硫化物阶段及石英—

碳酸盐阶段。

6. 成矿作用素材

（1）成矿时代。

冬瓜山层状矿体中的脉状石英包裹体 Rb – Sr 法测年结果表明其形成时代为 $134 \pm 11 \text{Ma}$[7]。

（2）成矿物质来源。

矿石硫化物 $\delta^{34}S$ 同位素组成为 $+4.10‰ \sim +5.70‰$，与岩体全岩 $\delta^{34}S$ 值（$-2.2‰ \sim 5.2‰$）基本重叠，表现出岩浆硫的组成特点。Pb 同位素测试结果显示各类矿石铅同位素组成一致，表明冬瓜山铜（金）矿床矿体与区域上的中酸性侵入体具有相同的铅同位素来源。

（3）成矿流体来源。

各成矿阶段石英 δD_{V-SMOW} 为 $-71.5‰ \sim -84.0‰$，$\delta^{18}O_{V-SMOW}$ 为 $-15.5‰ \sim -20.1‰$，$\delta^{18}O_{H2O}$ 为 $4.51‰ \sim 8.97‰$；方解石 δD_{V-SMOW} 为 $-60.9‰ \sim -70.7‰$，$\delta^{18}O_{V-SMOW}$ 为 $-18.1‰ \sim -18.2‰$，$\delta^{18}O_{H2O}$ 为 $4.41‰ \sim 4.91‰$，暗示成矿流体主要为岩浆水。

思考题

1. 为什么说安徽冬瓜山铜金矿床是属于接触交代矿床？
2. 安徽冬瓜山铜金矿床形成厚大似层状矿体主要控制条件有哪些？

参考文献

[1] 毛景文,邵拥军,谢桂青,等. 长江中下游成矿带铜陵矿集区铜多金属矿床模型[J]. 矿床地质,2009,28(2):109–119.

[2] 黄许陈,储国正. 铜陵狮子山矿田多位一体(多层楼)模式[J]. 矿床地质,1993,12:221–230.

[3] 徐晓春,范子良,何俊,等. 安徽铜陵狮子山矿田铜金多金属矿床的成矿模式[J]. 岩石学报,2014,30(4):1054–1074.

[4] 刘文灿,高德臻,储国正. 安徽铜陵地区构造变形分析及成矿预测[M]. 北京:地质出版社,1996.

[5] 陆三明. 安徽铜陵狮子山铜金矿田岩浆作用与流体成矿[D]. 安徽:合肥工业大学,2007.

[6] 徐晓春,陆三明,谢巧勤,等. 安徽铜陵狮子山矿田岩浆岩锆石 SHRIMP 定年及其成因意义[J]. 地质学报,2008,82(4):500–509.

[7] Xu Z. W., Lu X. C., Ling H. F., et al. Metallogenetic mechanism and timing of late superimposing fluid mineralization in the Dongguashan diplogenetic stratified copper deposit, Anhui Province [J]. Acta Geologica Sinica,2005,79(3):405–413.

斑岩型铜矿床—江西德兴铜矿床

5.1 实验目的与要求

(1)了解江西德兴铜矿床的成矿地质条件、矿体及矿石特征。

(2)了解斑岩铜矿的围岩蚀变特征及其与矿化的关系。

(3)将其与矽卡岩矿床对比,找出二者之间主要区别。

5.2 实验内容及步骤

(1)阅读江西德兴铜矿床区域地质简图(图5-1),了解矿床所处的区域地质构造背景。注意矿床与北东向赣东北断裂带的空间位置关系,区域岩浆岩产出特征。

(2)阅读江西德兴铜矿床地质简图(图5-2),了解矿区内出露地层、构造及岩浆岩特点。

(3)江西德兴铜矿床包含三个铜矿床(铜厂铜矿床、富家坞铜矿床、朱砂红铜矿床),以铜厂铜矿为例,了解矿体特征。阅读铜厂铜矿床65 m水平地质简图(图5-3)和典型勘探线地质剖面图(图5-4)和地质纵剖面图(图5-5),分析铜厂铜矿床岩体形态产状,矿体的形态规模产状特征。

(5)对矿床围岩(浅变质岩及花岗闪长斑岩)、各类蚀变岩(不同原岩、不同蚀变强度)和各类矿石样品(表5-1)及相应的光薄片进行详细观察、鉴定与描述。

重点掌握矿石类型、矿石结构构造及矿石矿物组合及变化特征;各类蚀变岩的蚀变矿物及蚀变类型的观察鉴定,结合铜厂铜矿床综合剖面及空间蚀变分带图(图5-6),分析围岩蚀变与矿体、岩体的规模、蚀变分带特征及蚀变与矿化的关系。

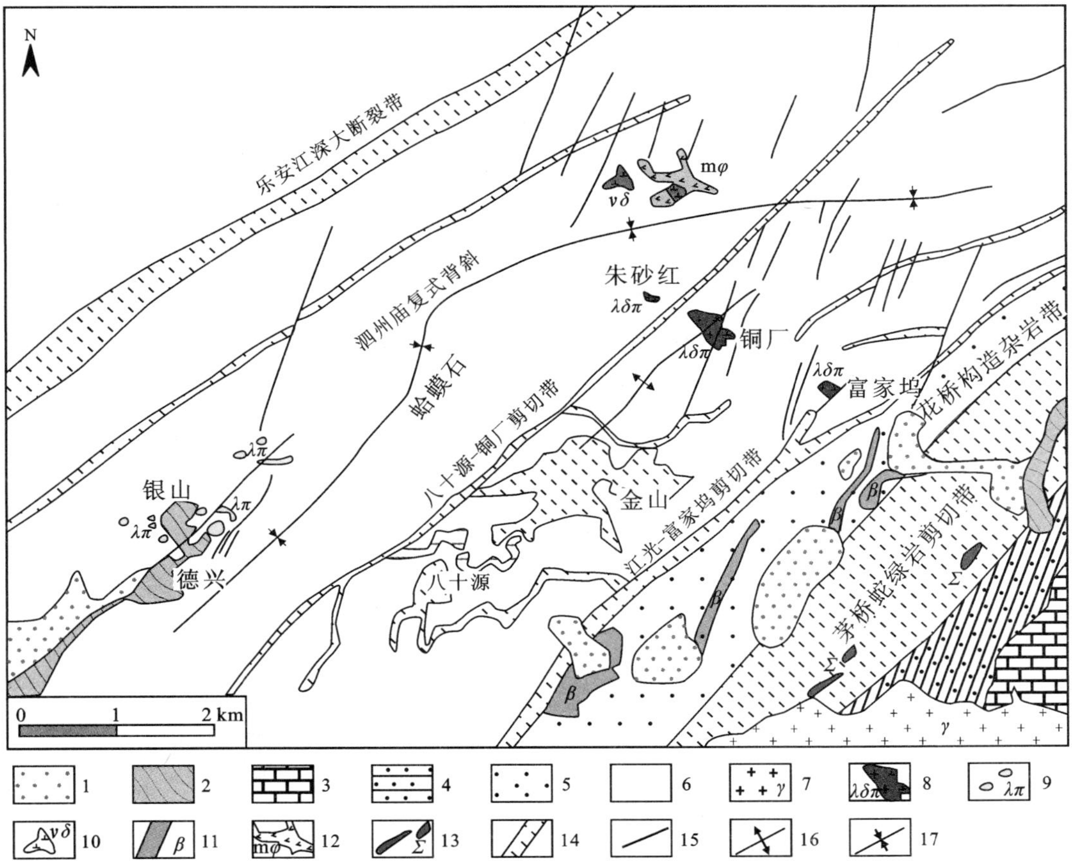

图 5 – 1　江西德兴铜矿床区域地质简图[1]

1—白垩系石溪组红层；2—下侏罗统鹅湖岭组火山岩；3—寒武系荷塘组白云质灰岩；4—震旦系碎屑岩；5—新元古界登山群砂板岩；6—中元古界双桥山群千枚岩；7—中侏罗世花岗岩；8—中侏罗世花岗闪长斑岩；9—中侏罗世石英斑岩；10—加里东期辉石闪长岩；11—新元古界变细碧—角斑岩；12—新元古界变角闪辉石岩；13—新元古界超镁铁质岩；14—剪切带；15—断层；16—背斜；17—向斜

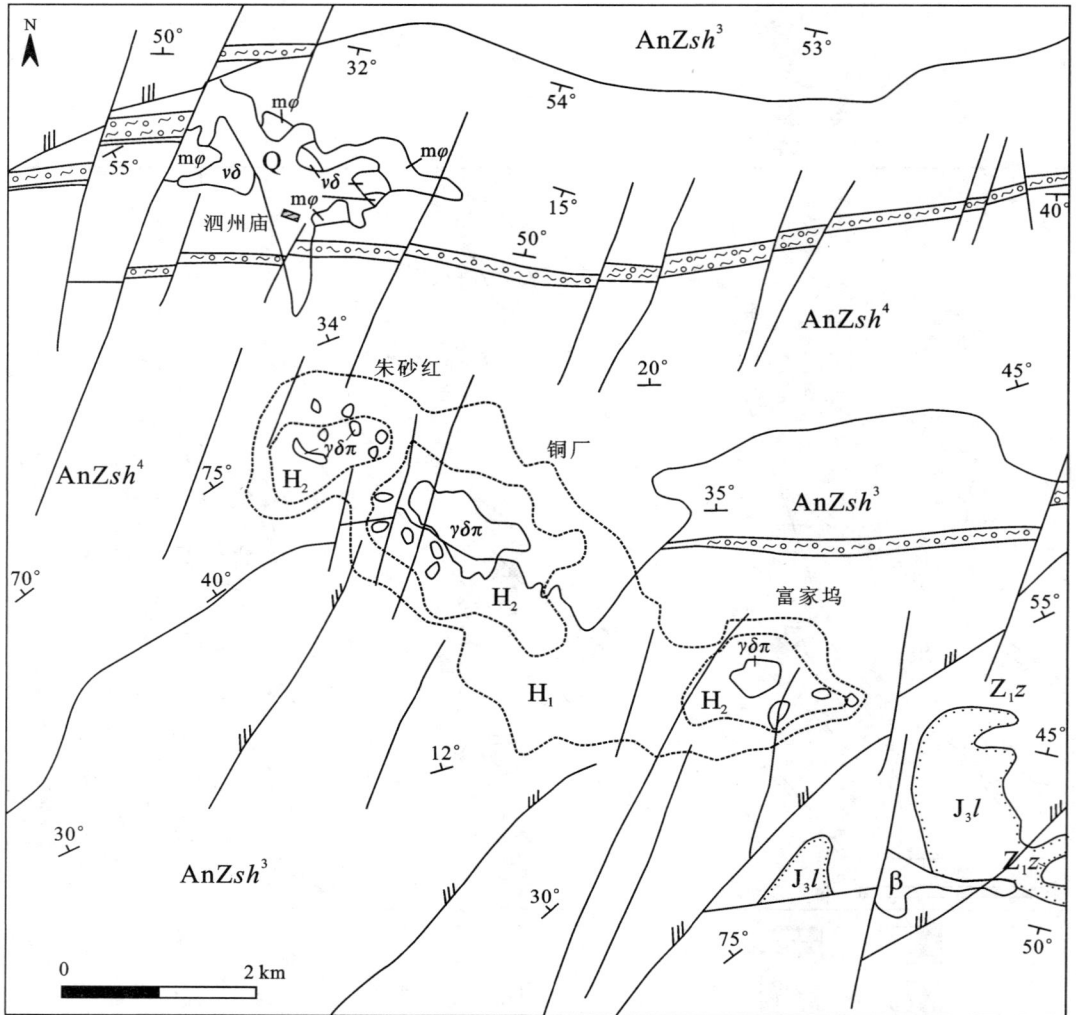

图 5－2　江西德兴铜矿床地质简图(据铜矿地质勘探规范编写组，1981)

1—东西向挤压破碎带；2—北东向压扭性断裂；3—断裂；4—地质界线；5—地层不整合线；6—地层产状；7—蚀变带界线；Q—第四系全新统；J₃l—侏罗系上统冷水坞组；Z₁z—震旦系下统志棠组；AnZsh⁴—前震旦系双桥群第四段；AnZsh³——前震旦系双桥群第三段；γδπ—花岗闪长斑岩；νδ—辉长闪长岩；mφ—变余角闪辉石岩；β—玄武岩；H₂—强蚀变围岩(石英绢云角岩)；H₁—弱蚀变围岩(绢云绿泥千枚岩)

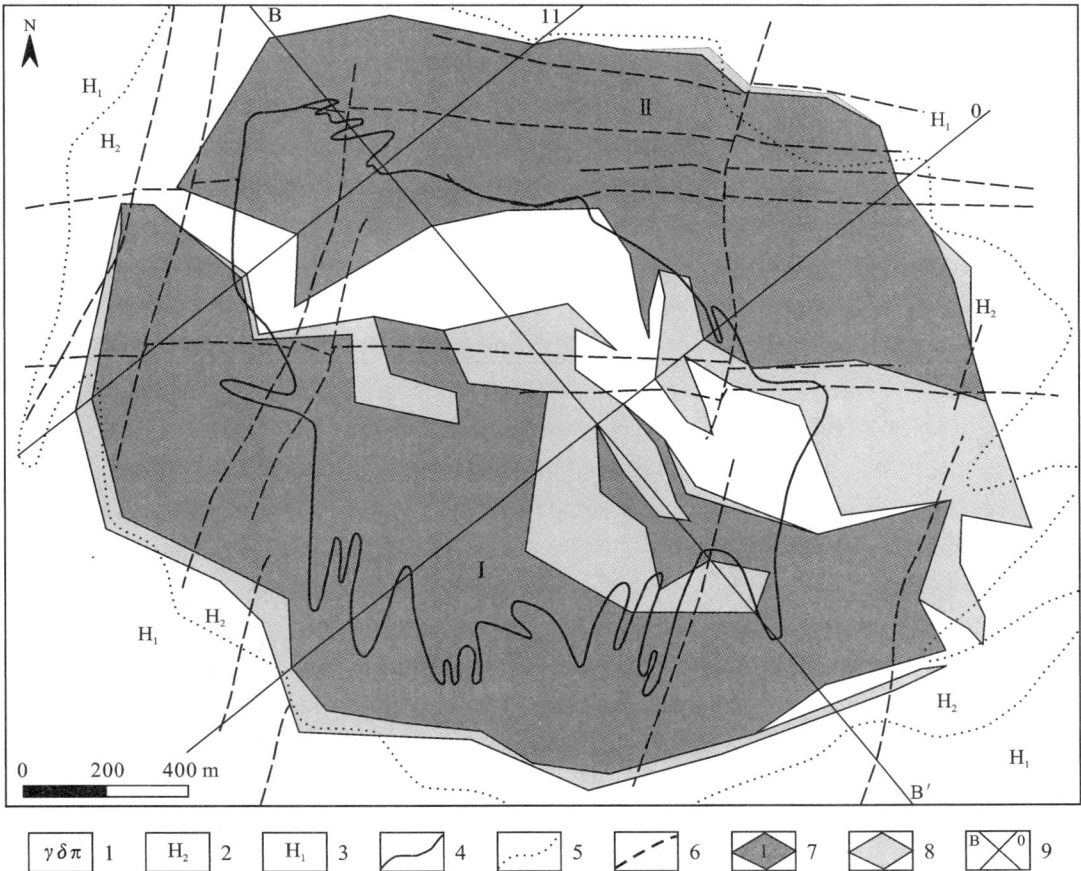

图 5 – 3　铜厂铜矿床 65 m 水平地质简图（据铜矿地质勘探规范编写组，1981）

1—花岗闪长斑岩；2—石英绢云角岩（强蚀变围岩）；3—绢云绿泥千枚岩（弱蚀变围岩）；4—斑岩体界线；5—围岩蚀变界线；6—断层；7—矿体及编号；8—表外矿（Cu 0.2% ~ 0.4%）；9—勘探线剖面位置；矿体边界由勘探工程圈定，工程省略，图 5 – 4、5 – 5 相同

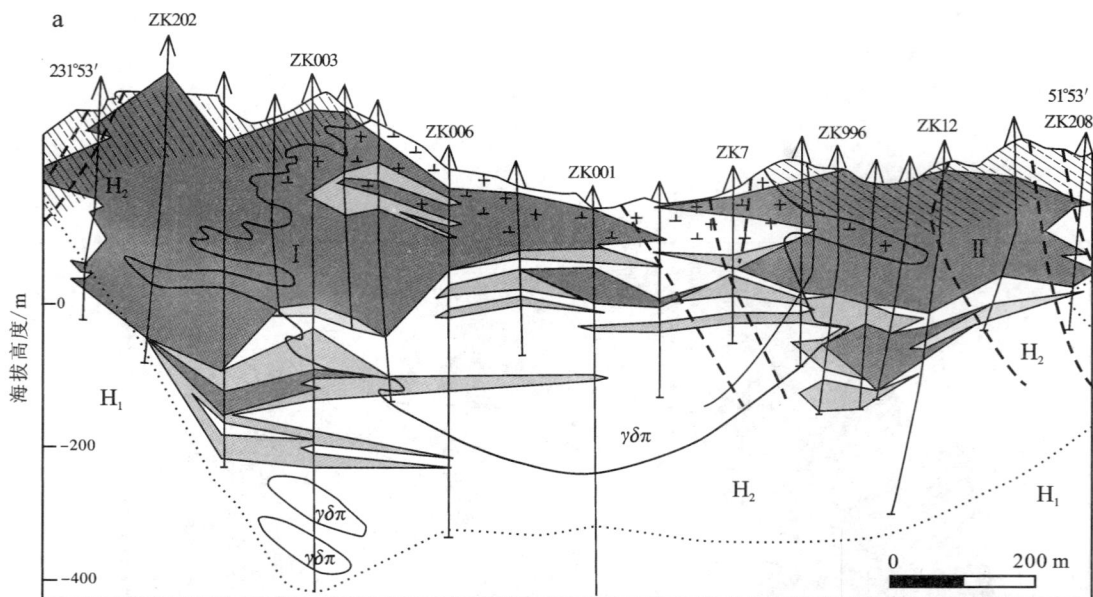

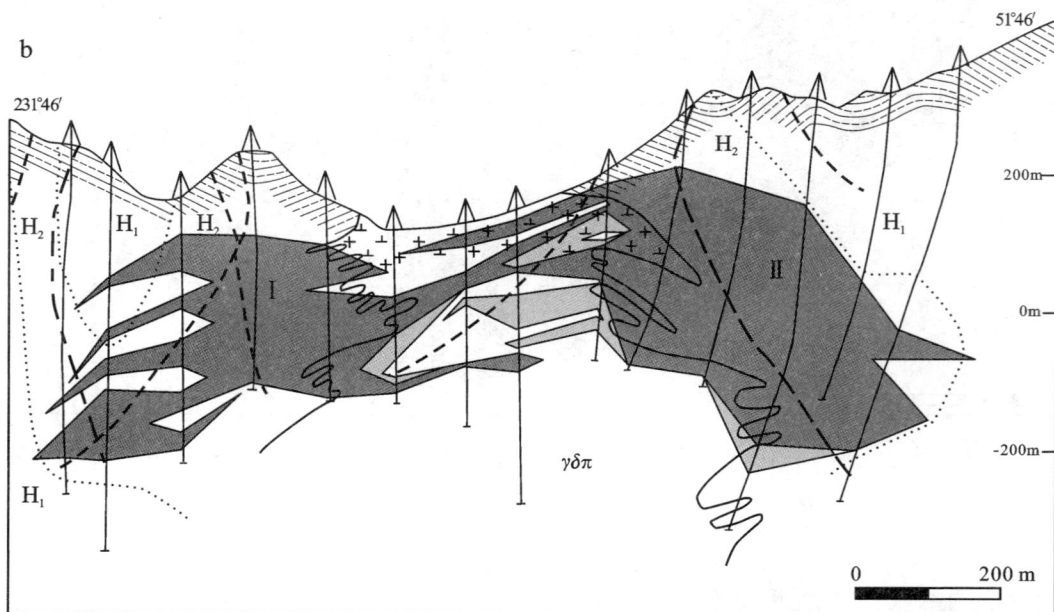

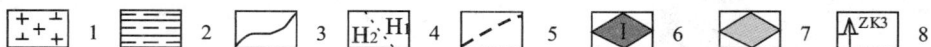

图5-4 铜厂铜矿床0勘探线(a)和11勘探线(b)地质剖面图

(据铜矿地质勘探规范编写组, 1981)

1—花岗闪长斑岩($\gamma\delta\pi$); 2—蚀变岩; 3—斑岩体界线; 4—强、弱蚀变带及界线;
5—断层; 6—矿体及编号; 7—表外矿(Cu 0.2% ~0.4%); 8—钻孔及编号

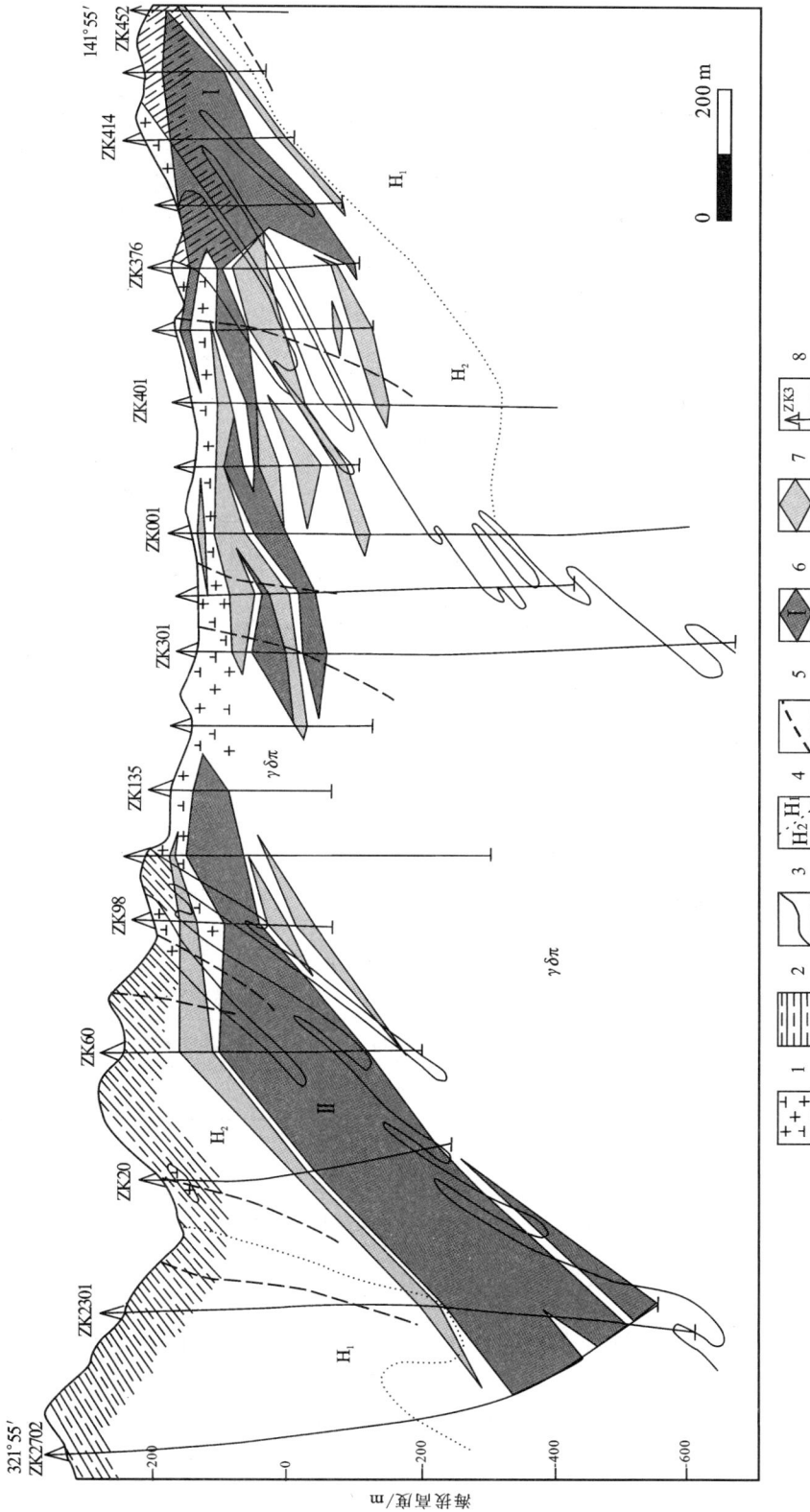

图 5 – 5　铜厂铜矿床 B – B 地质剖面图（据铜矿地质勘探规范编写组，1981）

1—花岗闪长斑岩（γδπ）；2—蚀变岩；3—斑岩体界线；4—强、弱蚀变带界线；5—断层；6—矿体及编号；7—表外矿"（Cu 0.2～0.4%）；8—钻孔及编号

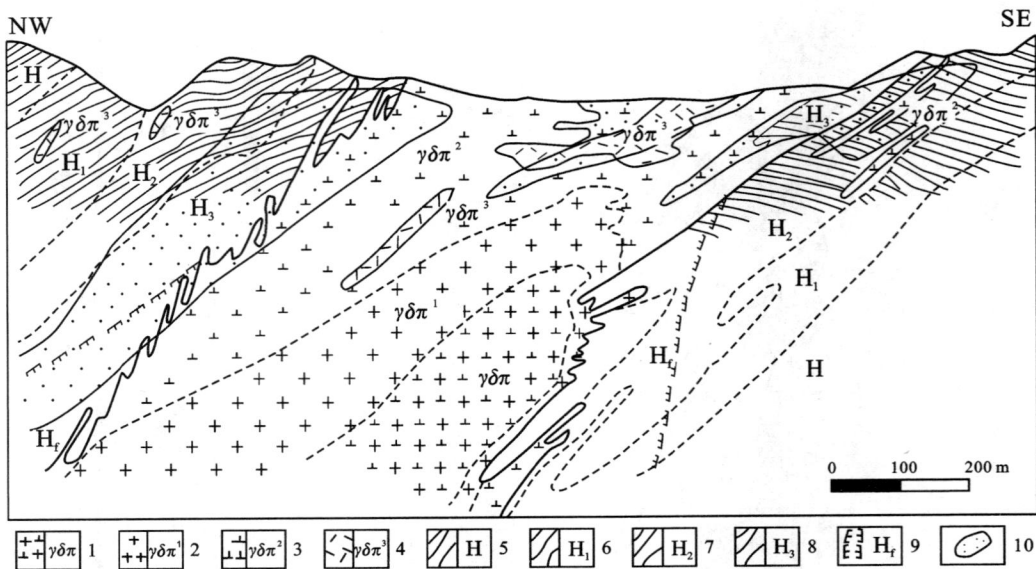

图 5-6　铜厂铜矿床综合剖面图及空间蚀变分带[2]

1—花岗闪长斑岩；2—弱蚀变花岗闪长斑岩；3—中蚀变花岗闪长斑岩；4—强蚀变花岗闪长斑岩；
5—浅变质千枚岩；6—弱蚀变浅变质千枚岩；7—中蚀变浅变质千枚岩；8—强蚀变浅变质千枚岩；
9—角砾岩；10—铜矿体

表 5-1　江西德兴铜矿床实验标本

样号	名称	样号	名称
铜兴 01	花岗闪长斑岩	铜兴 06	脉状黄铜矿矿石
铜兴 02	蚀变矿化花岗闪长斑岩	铜兴 07	脉状黄铜矿矿石
铜兴 03	蚀变矿化花岗闪长斑岩	铜兴 08	细脉状辉钼矿黄铜矿矿石
铜兴 04	细脉浸染状矿石	铜兴 09	含孔雀石的黄铜矿矿石
铜兴 05	细脉浸染状矿石		

①岩体岩石学鉴定。

对成矿岩体进行岩石学鉴定，从岩石的结构构造特征、矿物特征等方面认识岩体形成环境。

②矿石构造类型。

一般情况热液温度高、矿质浓度高、围岩化学性质活泼时，有利于扩散交代作用，矿石浸染状构造发育，当温度降低，围岩化学性质稳定，裂隙发育时，有利于渗滤交代和热液充填作用，脉状和脉状—浸染状构造发育。但在矿体的不同部位则出现明显的侧重和过渡现象。

③矿石脉体的观察与类型。

斑岩型矿石脉体发育，根据脉体的特征(包括脉体形态、脉体宽度、矿物组合、结构构造等)，可以分为五类：产于岩体内部及顶部的 A 脉(矿物为等粒状石英、钾长石、硬石膏及少量硫化物；脉体内部不对称、边界不规则、连续性差)、B 脉(硅酸盐—硫化物脉；脉体较规则、连续、边界平直，石英从脉两壁向中间生长，可含硫化物中心线，缺少钾化蚀变晕)、AB 脉(A 脉和 B 脉之间的过渡类型，边界平直且连续，但石英呈粒状)、D 脉(后期硫化物脉，脉体规则连续，有绢英岩化蚀变晕)、H 脉(脉体延伸较远且较宽)。

④蚀变岩石的观察。

观察蚀变岩石的结构构造判断原岩类型；蚀变矿物的种类、分布形态(细脉状还是弥散状)，各类蚀变矿物与原矿物的关系。

花岗闪长斑岩可能的蚀变矿物主要有长石、黑云母、角闪石等；千枚岩为致密岩石，注意蚀变矿物的产出形态，蚀变矿物组合。

(6)综合实验观察，结合矿床地球化学资料，综合分析矿床成因。

矿床成因分析从矿体与成矿岩体空间时间关系、蚀变与矿化的关系、成矿物质来源、成矿流体性质及演化等方面展开。

5.3　矿床资料及素材

德兴铜矿床位于江西省德兴市境内，是我国江南地区最大铜矿床，为亚洲规模最大的露天开采铜矿床，也是世界超大型斑岩铜矿床之一，该矿田包括铜厂、富家坞、朱砂红 3 个矿床(图 5-2)。矿区探明铜的金属总量达 9.658×10^6 t[3]，其中铜厂矿区铜储量 5.245×10^6 t、富家坞矿区铜储量 2.573×10^6 t、朱砂红矿区铜储量 1.845×10^6 t。伴生有益元素有钼、金、银、铼、硒、碲、硫等有益组分，具有较大的经济价值。

1.区域地质背景

德兴铜矿床位于钦杭成矿带上，处于江南古陆与扬子钱塘凹陷的交界部位，赣东北深大断裂带东北段的北西一侧。区域多旋回构造运动伴随多期次的岩浆活动。区域地球化学背景资料显示该区处于 Cu—Mo—Pb—Zn—Ag—Au—Cd 异常区。德兴斑岩铜矿产于燕山期花岗闪长斑岩与中元古界浅变质岩系接触的内外蚀变带内中。

2.矿区地质

(1)矿区地层。

矿区出露地层为中元古界双桥山群浅变质岩系，主要由变沉凝灰岩和绢云千枚岩互层组成，岩石片理和节理极为发育。该地层是斑岩体的侵入的围岩，也是矿区主要的容矿岩石。

(2)矿区构造。

矿田处于东西向泗州庙复式向斜内，发育一系列北东向次级的褶皱叠加在复式向斜之上，由北西向南东有西源岭背斜、官帽山向斜。矿田内发育东西向、北东向和北北东向 3 个方向的断裂系统，此外，还发育一条规模较大的北西向朱砂红—垅首断裂，把三个矿床串成一条线，呈北西向展布。矿田中主要含矿岩体明显受该断裂与北东向背斜构造的交叉部位的控制。

（3）矿区岩浆岩。

矿区主要发育花岗闪长斑岩株，出露面积小于 1 km²（表 5 - 2），岩体形态多为等轴状岩株或岩墙，剖面上多呈上大下小的筒状、管状或漏斗状，一般多呈陡倾斜产出，接触面为复杂的分支状，从岩体主干分出许多岩脉。

表 5 - 2 德兴铜矿床含矿岩体简表

岩体	产状	形态	规模	矿床规模
铜厂	浅成岩体	平面上呈辣椒形，剖面上呈上大下小的漏斗状	0.6 ~ 0.8 km²	超大型矿床
富家坞	浅成岩体	平面上呈椭圆形，剖面上呈漏斗状	0.18 ~ 0.20 km²	超大型矿床
朱砂红	浅成岩墙岩体	平面上呈不规则长条状向北西向陡倾斜下插	0.1 km²	中—大型矿床

含矿岩体造岩矿物主要为长石、石英、黑云母和角闪石等，副矿物有磷灰石、锆石、磁铁矿等，同时还见有榍石、金红石和石榴子石等。其中磷灰石含量高，形态复杂，反映了含矿岩浆富含挥发份，有利于矿质的聚集、运移和堆积，对成矿有利。岩体中长石类矿物，以斜长石为主，也含少量钾长石。斜长石主要为中长石至更长石，牌号介于 33 至 38 之间，有序度介于 0.50 至 0.60 之间，为偏高温斜长石。钾长石全为正长石，主要与石英一起构成基质，少数呈斑晶出现，三斜度介于 0.25 至 0.60 之间，为高—中正长石，反映了岩体是在近地表带的浅成条件下迅速侵位冷凝而成。

岩石地球化学分析显示矿区中含矿岩体均属正常成分系列。与中国同类岩石化学成分平均含量相比，铜厂、朱砂红岩体 SiO_2 偏低，成矿物质组合均以铜为主，含钼较低；富家坞岩体 SiO_2 明显偏高，其中钼元素显著富集，伴生有铜矿化。这说明含矿岩体的酸度是决定铜、钼成矿元素富集的重要因素之一。

岩体形成时代：矿区含矿斑岩锆石 U—Pb 年代学为 171 Ma[4]，形成于中侏罗世早期。

3. 矿体特征

德兴铜矿床的三个矿床矿化特征类似，其中以铜厂矿床规模最大。矿体特征以铜厂铜矿床为例说明。铜矿体赋存于花岗闪长斑岩与浅变质岩系接触的内外蚀变带内中（图 5 - 3、图 5 - 4）。主矿体围绕岩体接触带空间形态上呈空心筒状分布，平面上呈环状，剖面上纺锤形，矿体倾向 320°，倾角 30° ~ 50°，矿体长 500 ~ 1200 m，宽 300 ~ 500 m，厚 200 ~ 500 m[5]。岩体上盘（西北侧）矿体规模大、厚度稳定，且向深部延深大，下岩体下盘（南东侧）矿化延深相对小。矿床约 2/3 的矿石量产于外接触带变质岩中的矿体，且矿石品位高于内接触带的矿体。

铜厂矿床矿石品位 Cu 0.454%，Mo 0.0114%[5]。

4. 围岩蚀变

矿区围岩蚀变种类较多，主要有钾长石化、硅化、绢云母—水云母—伊利石化、绿泥石化、方解石化、白云石化和含铁白云石化等。围岩蚀变受岩体及其接触带控制。根据蚀变矿物组合和蚀变强弱的空间分布规律，可划出 6 个蚀变带[2]（表 5 - 4）。

表 5－4 德兴铜矿床蚀变分带

	原岩	蚀变带名称	代号及蚀变强度
内蚀变带	花岗闪长斑岩	绿泥石(绿帘石)—伊利石—钾长石化带	$\gamma\delta\pi^1$(弱)
		绿泥石(绿帘石)—水白云母化带	$\gamma\delta\pi^2$(中)
		石英、绢云母化带	$\gamma\delta\pi^3$(强)
外蚀变带	千枚岩夹变质沉凝灰岩	石英、绢云母化带	H^3(强)
		绿泥石(绿帘石)—水白云母化带	H^2(中)
		绿泥石(绿帘石)—伊利石化带	H^1(弱)

5. 成矿作用素材

（1）成矿年代学数据。

矿田铜厂、富家坞、朱砂红三个矿床辉钼矿 Re—Os 等时线年龄分别为 171 Ma、171 Ma、169 Ma[6]。

（2）硫同位素。

三个矿床的主要硫化物硫同位素组成见表 5－5。

表 5－5 德兴铜矿床硫同位素组成[2]

矿区	测定矿物	样品数/个	δ^{34}S 变化范围/‰	δ^{34}S 算术平均值/‰
铜厂	Py	116	$-2.5\sim+3.1$	$+0.36$
	Cp	20	$-2.8\sim+1.4$	$+1.07$
	Py + Cp	136	$-2.3\sim+3.1$	$+0.15$
富家坞	Py	8	$-0.6\sim+1.0$	$+0.45$
	Cp	3	$-0.1\sim+1.0$	$+0.54$
	Py + Cp	11	$-0.6\sim+1.0$	$+0.48$
朱砂红	Py	17	$-0.8\sim+1.1$	$+0.05$
	Cp	3	$-2.1\sim+0.3$	-0.83
	Sp	1	-4.01	-0.41
	Gn	1	-2.41	-2.41
	Py + Cp + Sp + Gn	22	$-4.0\sim+1.1$	-0.48

注：Py—黄铁矿；Cp—黄铜矿；Gn—方铅矿；Sp—闪锌矿。

（3）氢氧同位素。

铜厂矿床不同期次脉体的石英的氢、氧同位素组成见表5-6。

表5-6　铜厂铜矿床不同脉体石英氢、氧同位素组成

样品类型	石英 $\delta^{18}O_{V-SMOW}$ 平均值/‰	平衡 H_2O 的 $\delta^{18}O_{V-SMOW}$ 计算值/‰[7]	包裹体 H_2O 的 δD_{V-SMOW}/‰[7]	温度[7]/℃	参考文献
围岩中疙瘩状石英脉（A1）	9.8	8.6	-73	800	文献[8]
石英—黑云母大脉（A2）	9.6	8.4	-66	800	
石英—磁铁矿脉（A4）	9.0	7.8	-75	800	
B脉	10.0	7.5	-73	800	
D脉花岗闪长斑岩内黄铁矿—黄铜矿—石英脉中的石英	9.2	2.3	—	300	文献[2]
D脉花岗闪长斑岩内黄铁矿—黄铜矿—石英脉中的石英	4.7	-4.3	—	250	
D脉含铜硫化物石英脉	9.7	-1.1	54	240	文献[9]
D脉含铜硫化物石英脉	9.4	-2.5	—	200	
D脉含铜硫化物石英脉	10.4	-1.8	-62	200	

思考题

1. 结合江西德兴铜矿床，斑岩铜矿床的矿体受哪些因素控制？其与矽卡岩型矿床有什么差异？

2. 结合实验四和实验五，斑岩型矿石特征与矽卡岩矿床有什么差异？

3. 通过本实验，矿化脉体和蚀变有什么对应关系？

参考文献

[1] 毛景文，张建东，郭春丽. 斑岩铜矿—浅成低温热液银铅锌—远接触带热液金矿矿床模型：一个新的矿床模型——以德兴地区为例[J]. 地球科学与环境学报，2010，32（1）：1-14.

[2] 朱训，黄崇柯，芮宗瑶，等. 德兴斑岩铜矿[M]. 北京：地质出版社，1983.

[3] 赵元艺，水新芳，曹冲，等. 江西德兴斑岩铜矿科学基地研究[M]. 北京：地质出版社，2015.

[4] 王强，赵振华，简平，等. 德兴花岗闪长斑岩 SHRIMP 锆石年代学和 Nd-Sr 同位素地球化学[J]. 岩石

学报,2004,20(2):315-324.

[5] 黄崇轲,白冶,朱裕生. 中国铜矿床[M]. 北京:地质出版社,2001,1-705

[6] GUO Shuo, ZHAO Yuanyi, QU Huanchun, et al. Geological characteristics and ore-forming time of the Dexing porphyry copper ore mine in Jiangxi Province[J]. Acta Geologica Sinica(English edition), 2012, 86(3):691-699.

[7] 潘小菲,宋玉财,王淑贤,等. 德兴铜厂斑岩型铜金矿床热液演化过程[J]. 地质学报,2009,83(12):1930-1950.

[8] 潘小菲,宋玉财,李振清,等. 德兴铜厂斑岩铜(钼金)矿床蚀变—矿化系统流体演化:H—O 同位素制约[J]. 矿床地质,2012,31(4):850-860.

[9] 张理刚,刘敬秀,陈振胜,等. 江西德兴铜厂铜矿水—岩体系氢氧同位素演化[J]. 地质科学,1996,31(3):250-263.

实验六

岩浆热液矿床—江西西华山钨矿床

6.1 实验目的与要求

（1）通过对江西西华山钨矿床的实验，认识岩浆热液矿床的矿区地质、矿体、矿石及围岩蚀变特征；重点鉴定识别矿石矿物组成及结构构造、围岩蚀变类型。

（2）学会划分热液矿床成矿期次，了解各期次的特点，分析成矿过程。

（3）学会分析岩浆热液矿床的成矿地质条件、成矿作用及成矿规律。

6.2 实验内容及步骤

（1）江西西华山钨矿床位于西华山—棕树坑矿带内，阅读矿带地质简图（图6-1）及纵剖面图（6-2），了解该区成矿的地质背景。

（2）阅读江西西华山复式岩体地质简图（图6-3），了解：①矿区地层分布；②岩体分布与产状、岩相分带、岩石类型、岩体与围岩的接触关系；③矿区主要构造特点；④石英矿脉分布特点。

（3）阅读江西西华山钨矿床地质简图（图6-4）、脉体排列组合形式图（图6-5）及矿脉旁围岩蚀变分带和矿化关系示意图（图6-6），着重了解：①矿脉形态；②矿化的空间分布；③矿化与围岩蚀变的关系；④矿脉在不同围岩中的形态特征与变化。

（4）观察矿床岩石、矿石标本（表6-1）和相应的薄片、光片，分析矿床的物质成分、矿石结构构造、矿物生成顺序；围岩蚀变类型及蚀变矿物组成。

矿石结构构造的观察：矿石结构有结晶构造、交代溶蚀结构、固溶体分离结构。矿石构造有块状、浸染状、条带状及对称条带状、晶洞状、角砾状等。

围岩蚀变的观察：脉旁围岩蚀变的主要类型（云英岩化、钾长石化、硅化）、矿物组成及分带。

（5）综合矿床同位素地球化学和流体包裹体资料，分析岩浆热液成矿的特点及成矿过程。

由江西西华山石英黑钨矿床的产出地质环境及矿体形态特征判断矿床主要成矿作用方式；结合矿石矿物组成、结构和构造及围岩蚀变判断成矿环境；结合矿床流体包裹体测温数据，说明矿床的形成温度；结合矿物氢、氧、硫同位素的组成，分析成矿流体的来源及成矿物质来源。

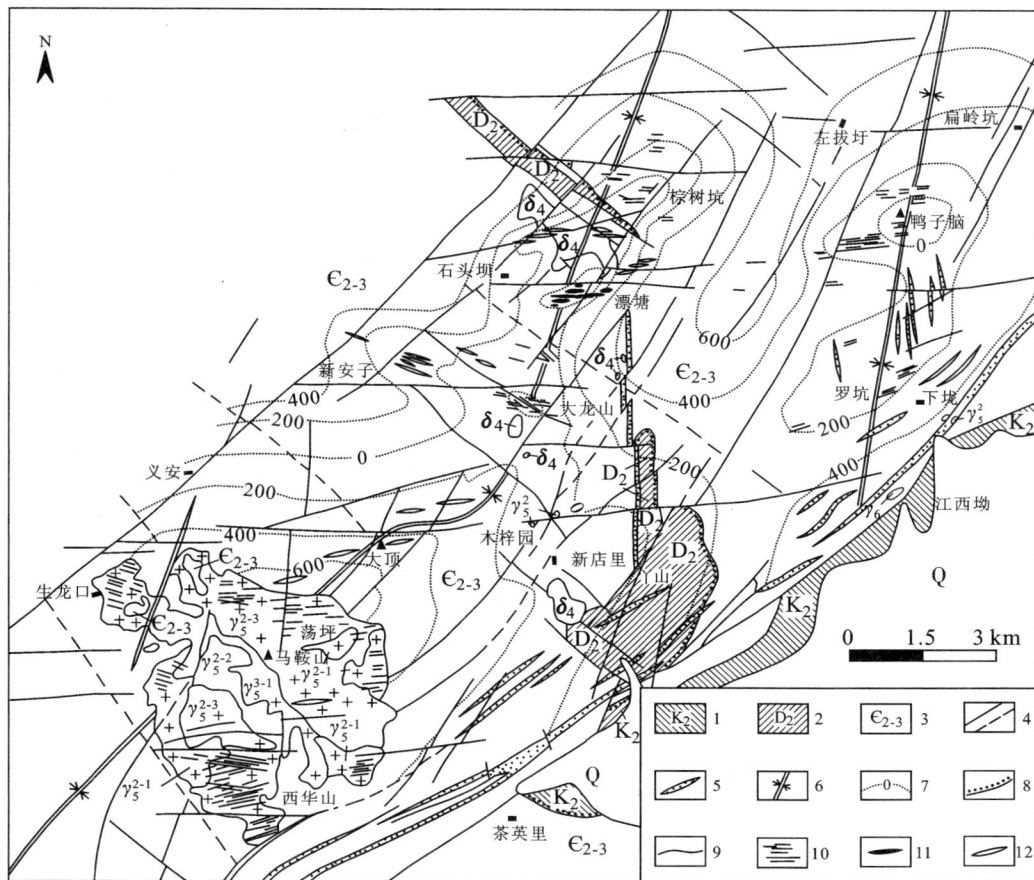

图 6-1　江西西华山—棕树坑矿带地质简图[1]

1—上白垩统；2—中泥盆统；3—中上寒武统；4—断层；5—硅化带；6—复式向斜轴线；7—隐伏花岗岩顶板等高线；8—地层不整合线；9—地质界线；10—含矿石英脉；11—含矿石英细脉带矿体；12—矿化标志带；Q—第四系；γ_6—喜山期花岗岩；γ_5^{3-1}—燕山晚期第一阶段花岗岩；γ_5^{2-1}、γ_5^{2-2}、γ_5^{2-3}—燕山早期第一、二、三阶段花岗岩；γ_5^2—燕山早期细粒花岗岩；δ_4—海西期石英闪长岩

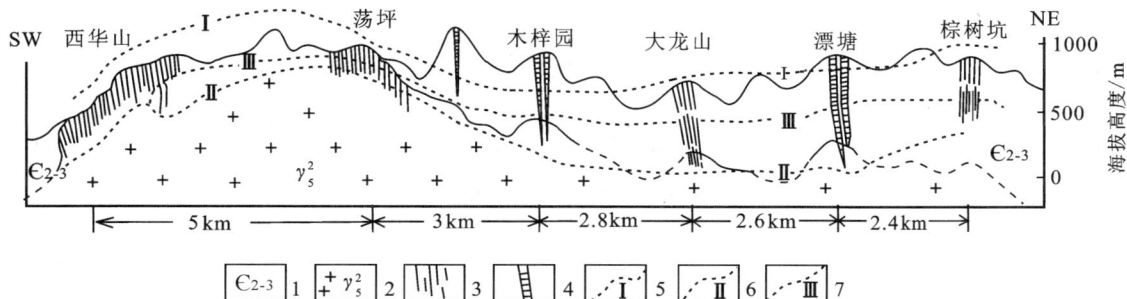

图 6-2　江西西华山—棕树坑矿带纵剖面图[1]

1—中上寒武系；2—燕山早期黑云母花岗岩；3—含矿石英大脉；4—含矿石英脉带；
5—工业矿体上界连线；6—工业矿体下界连线；7—工业矿体最好部位连线

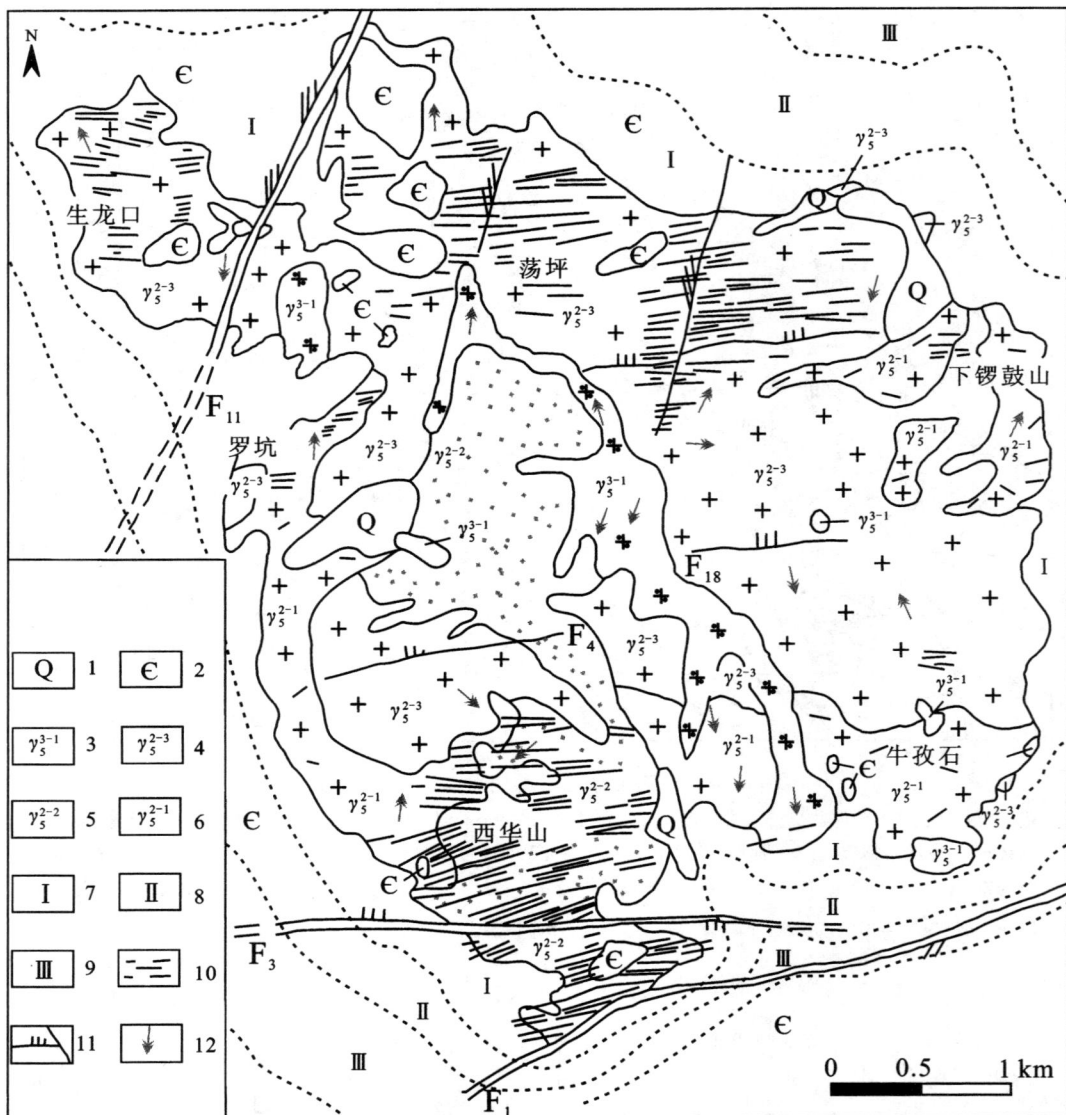

图 6-3　江西西华山复式岩体地质简图[1]

1—第四系；2—寒武系；3—燕山晚期第一阶段斑状细粒花岗岩；4—燕山早期第三阶段斑状中细粒黑云母花岗岩；5—燕山早期第二阶段中粒黑云母花岗岩；6—燕山早期第一阶段斑状中粒黑云母花岗岩；7—角岩带；8—角岩化带；9—弱角岩化带；10—矿脉；11—断层；12—流线

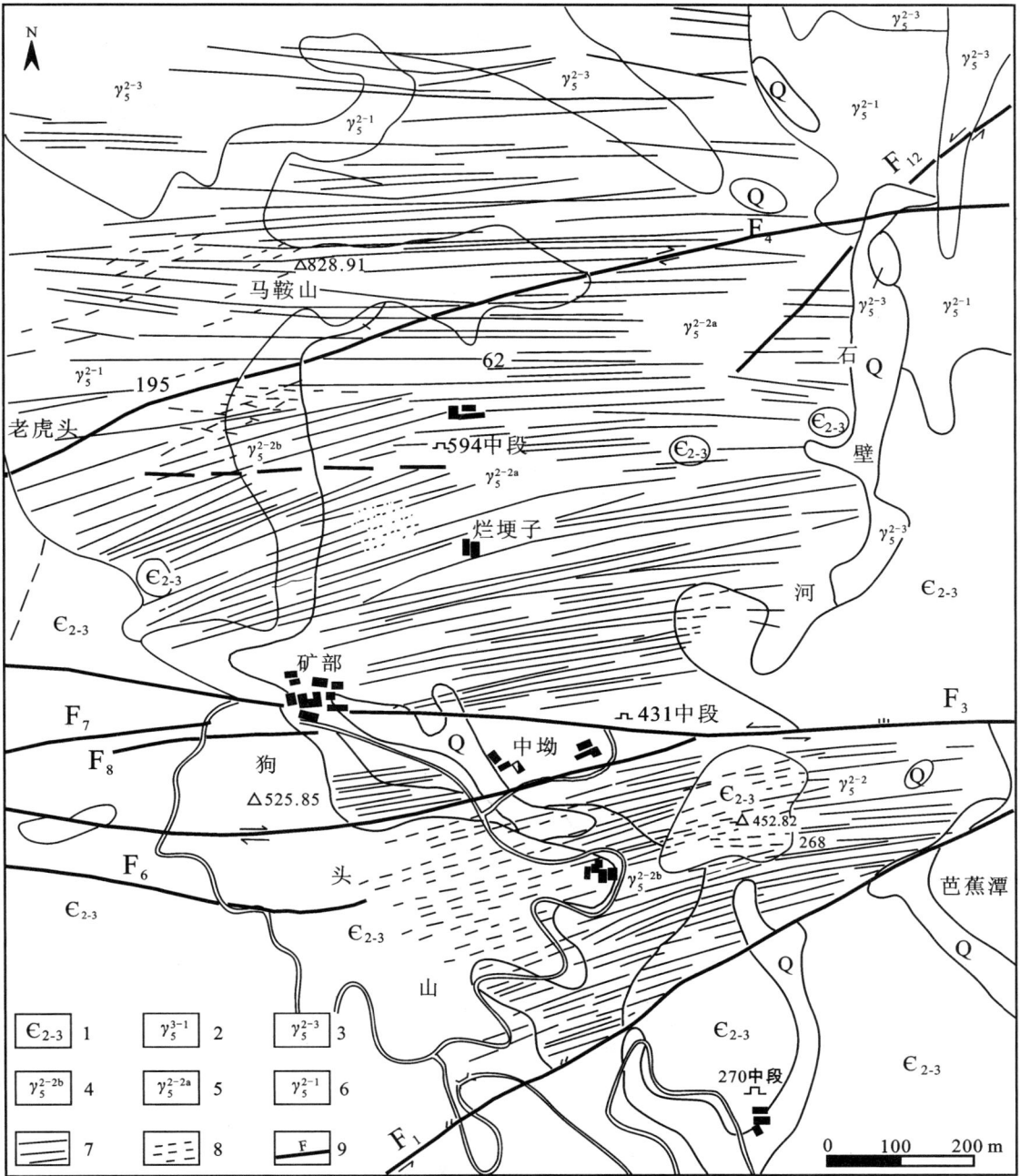

图 6-4　江西西华山钨矿床地质简图[1]

1—寒武系中上统；2—燕山晚期第一阶段斑状细粒花岗岩；3—燕山早期第三阶段斑状中细粒黑云母花岗岩；4—燕山早期第二阶段附加侵入含斑细粒黑云母花岗岩；5—燕山早期第二阶段主侵入中粒黑云母花岗岩；6—燕山早期第一阶段斑状中粒黑云母花岗岩；7—含矿石英脉；8—隐伏含矿石英脉；9—断层及编号

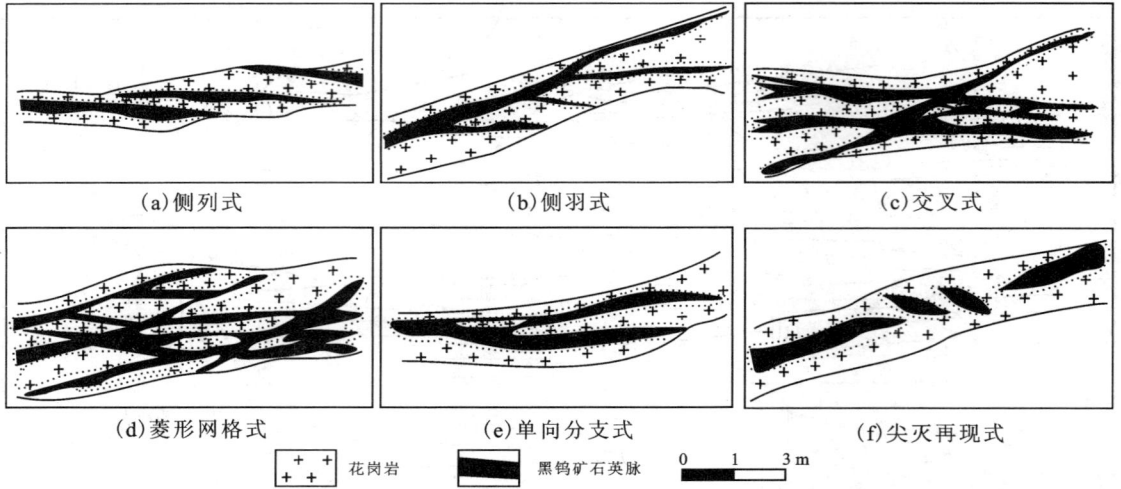

(a)侧列式　　　　　　　　　(b)侧羽式　　　　　　　　　(c)交叉式

(d)菱形网格式　　　　　　　(e)单向分支式　　　　　　　(f)尖灭再现式

| ＋＋ 花岗岩 | ▬ 黑钨矿石英脉 | 0　1　　3 m |

图6-5　江西西华山钨矿床矿脉排列组合形式图[1]

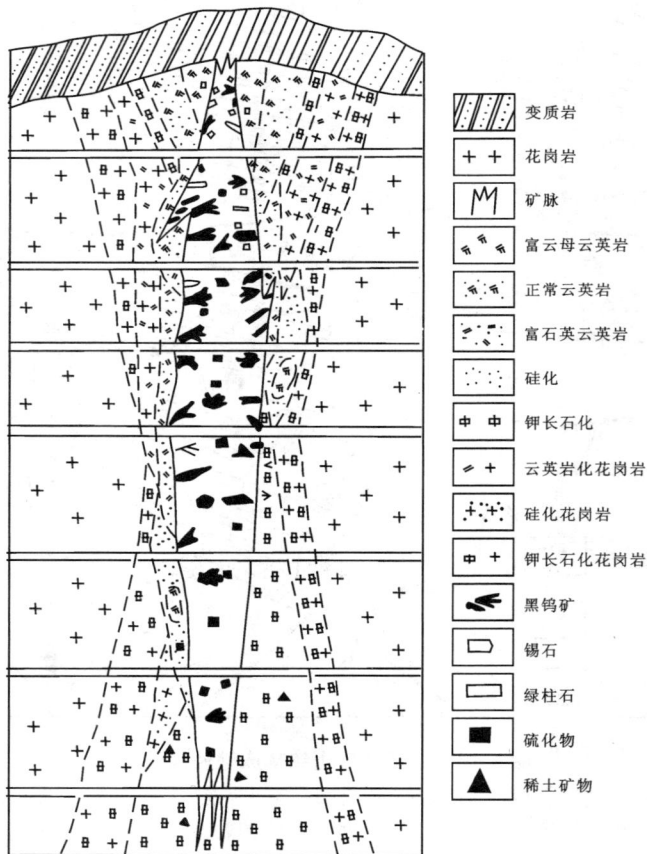

变质岩

花岗岩

矿脉

富云母云英岩

正常云英岩

富石英云英岩

硅化

钾长石化

云英岩化花岗岩

硅化花岗岩

钾长石化花岗岩

黑钨矿

锡石

绿柱石

硫化物

稀土矿物

图6-6　江西西华山钨矿床脉旁围岩蚀变分带与矿化关系示意图[1]

52

表6-1　江西西华山钨矿床实验标本

样号	名称	样号	名称
01	变质砂岩	08	硫化物矿石
02	砂质板岩	09	黑钨矿矿石
03	粗粒花岗岩	10	含正长石的矿石
04	中粒花岗岩	11	似梳状黑钨矿矿石
05	细粒花岗岩	12	石英正长岩
06	蚀变花岗岩	13	云英岩
07	含辉钼矿矿石	14	含萤石石英脉

6.3　矿床资料及素材

江西西华山钨矿床(田)地处赣粤交界的大余岭山脉北麓,位于江西省大余县城西北9 km处。西华山钨矿床为我国发现最早的钨矿床,于1908年开始开采黑钨矿,后在其附近相继发现生龙口、荡坪、罗坑、下锣鼓山和牛孜石等共6处钨矿床。1952—1956年间,对西华山岩体南部的西华山钨矿床、北部的荡坪钨矿进行了勘探,提交了地质报告。矿床主要有用组分为W,其次Sn、Mo、Be、Bi等。

1.区域地质背景

江西西华山钨矿床位于南岭成矿带东段赣西南崇义—大余—上犹(崇余犹地区)钨矿集区内的西华山—棕树坑钨锡矿带[1]。西华山—棕树坑矿带内的地层以中上寒武统浅变质碎屑岩为主(图6-1),少量的中泥盆统陆相碎屑沉积岩。矿带内北东—北北东复式褶皱发育;断裂构造发育,具有多期活动的特点,以东西向、北东向和北北西向三组最为醒目。岩浆岩出露以燕山期花岗岩为主,少量海西期石英闪长岩及零星喜山期花岗岩。燕山期花岗岩岩浆活动与钨锡、稀有稀土矿产成矿关系密切,为多期次侵入的复式岩体,部分出露地表,大部分隐伏于地下一定深度。矿带内钨锡成矿作用发育,尤以脉状钨(锡)矿床多而密集,产出有鸭子脑、下罗坑、棕树坑、石雷—漂塘、大龙山—新安子、木梓园、西华山等矿田(图6-2),是南岭钨矿高度集中的地区。

2.矿区地质

(1)地层。

区内以岩浆岩为主,仅在边部和残留顶盖有寒武系浅变质岩,岩性主要为板岩、千枚岩、变余粉砂岩、变余长石石英细砂岩、变余凝灰质砂岩等。接触变质作用形成的角岩,致密坚硬,渗透性差,对成矿起着良好的屏蔽作用,因此,矿脉均围限于花岗岩体的内接触带。

(2)构造。

矿区内受北北东向和东西向构造带复合控制,处于北东西华山—漂塘复式向斜南端,区内断裂有F_1、F_3、F_4、F_{18}、F_{11}等,矿区容矿裂隙成群成组密集斜列分布,主要走向呈北东东、北西西、近东西三组,性质上为以张性为主的张扭性特征。

（3）岩浆岩。

矿区内产出的岩浆岩有西华山复式花岗岩株（图6-3）及岩体内岩脉（包括细粒黑云母花岗岩脉、细晶岩脉、伟晶岩脉等），西华山岩体平面上呈椭圆形，北西—南东长6 km，北东—南西宽4.5 km，出露面积为19 km²。岩体侵入于寒武系浅变质岩中，在周缘形成宽达数百米的似环状角岩化带。岩体侵入期次存在多种分类方案，参考吴永乐等[1]的方案，岩体分为2期4阶段6次侵入活动（表6-2），即燕山早期和燕山晚期，燕山早期包含第1~3阶段，而第2和3阶段又都存在2次侵入活动。对4阶段期岩体锆石 SIMS U - Pb 年龄测试[3]，分别为（159±1）Ma、（161±3）Ma、（159±2）Ma、（158±2）Ma，显示复式侵入体各期次间隔时间很短。

表6-2　西华山复式花岗岩侵入期次及岩石特征表[1]

期	阶段	次	代号	岩石名称	产出形态	面积/km²	岩石颜色	岩石结构	斑晶含量/%	斑晶粒度/mm	基质粒度/mm
燕山晚期	第一阶段		γ_5^{3-1}	斑状细粒花岗岩	岩墙	1.1	浅灰	细—微细粒花岗结构，似斑状结构	20~34	(4.3×6)~(10×17)	0.2~1.8
燕山早期	第三阶段	附加侵入	γ_5^{2-3b}	细粒二云母花岗岩	小岩株	8.2	浅灰—淡肉红	细粒花岗结构（似斑状结构）	3~10	2×4	(0.9×1.5)~(1.3×2.1)
		主侵入	γ_5^{2-3a}	斑状中细粒黑云母花岗岩			灰白—淡肉红	细—中细粒花岗结构，似斑状结构	15~20	(2.1×4.2)~(3.7×8)	(0.9×1.8)~(1.7×2.6)
	第二阶段	附加侵入	γ_5^{2-2b}	含斑细粒二云母—黑云母花岗岩	小岩株	5.02	青灰—淡肉红	交代残余斑状结构，变斑结构	5~10	(3.2×3.5)~(8×10)	(0.9×1.7)~(1.5×2.2)
		主侵入	γ_5^{2-2a}	中粒黑云母花岗岩			淡肉红	中—中细粒花岗结构（似斑状结构）	3~5	4×6	(1.1×2.2)~(1.8×3.4)
	第一阶段		γ_5^{2-1}	斑状中粒黑云母花岗岩	残留顶盖	4.8	灰白、浅灰	中粒似斑状结构	15~35	(6×8)~(12×20)	(0.9×2.2)~(2.3×3.8)

各期次花岗岩岩体主要矿物组成有：钾长石、斜长石、石英三者含量较接近，暗色矿物以黑云母为主，部分含白云母、石榴子石较多。各阶段花岗岩岩石化学成分分析显示具高硅、富碱（钠）、贫铁、钙、钛、磷等为特征。各阶段花岗岩中 W、Sn、Bi、Mo、Be 等成矿元素的丰度较高（表6-3）。W 平均含量为31.3×10⁻⁶，高于酸性岩的平均值的20~25倍。

表6-3　西华山复式花岗岩微量元素含量统计表[1]

岩石	γ_5^{2-1}	γ_5^{2-2}		γ_5^{2-3}		γ_5^{3-1}	华南燕山期花岗岩平均值	酸性岩平均值	地壳克拉克值
		γ_5^{2-2a}	γ_5^{2-2b}	γ_5^{2-3a}	γ_5^{2-3b}				
样品数	16	38	44	17	7	4			
W	36	34	30	29	19	—	4.1	1.5	1.3
Sn	49	45	66	34	30	15	42	3.0	2.5
Mo	3	10	5	6	4	4	—	1.0	1.1
Bi	7	8	15	18	17	2	—	0.01	0.09
Be	11	17	14	7	10	9	5.4	5.5	3.8
Y	107	277	270	179	231	152	—	34	29
Yb	13	36	36	16	31	10	—	4	0.33
Ta	3	1	6	—	32		8	3.5	2.5
Nb	33	47	40	33	40	12	35	20	20
Li	318	67	153	81	43	72	96	40	32
Ga	32	31	30	19	25	23	9	20	19
Zr	119	124	124	124	133	150	133	200	170
Sr	76	44	46	32	23	50	147	300	340
Ba	358	43	40	93	36	77	240	830	650
Rb	570	706	717	650	710	450	358	200	150
Cs	39	22	—	45	40	60	25	5	3.7
U	6	7	—	2	8	4		3.5	2.5
Cu	56	47	74	59	34	23	38	20	47
Pb	88	82	111	97	61	70	54	20	16
Zn	40	30	32	28	26	27		60	83
As	10	4	—	1	—	—		1.5	1.7
B	43	28	50	38	50	43	15	12
F	15.3	1600	1650	1200	—	990	1388	800	660
Ni	4	5	4	5	5	1	—	8	58
Cr	11	61	18	70	4	38	28	25	83
Co	3	0.44	0.29	2		1	5	18
V	14	2	2	7	2	13	16	40	90

注：—为未测试项目。

围绕复式花岗岩岩株分布6个钨矿床,南端的西华山钨矿床,北缘的荡坪钨矿床,东侧的下锣鼓山钨矿床,西侧的罗坑钨矿床,西北角的生龙口钨矿床,东南角的牛孜石钨矿床(图6-3)。

3. 矿体及矿石特征

(1)矿体特征。

西华山钨矿床产于西华山复式岩株西南部中粒黑云母花岗岩体(γ_5^{2-2})及斑状中粒黑云母花岗岩体(γ_5^{2-1})内近西南向的横节理裂隙中(图6-4)。当矿脉延至花岗岩与变质岩接触面时迅速变小或尖灭。

矿区内发育大小矿脉600~700条,矿脉长度为200~600 m,最长可达1075 m,厚度为0.2~0.6 m,最厚为3.6 m,工业矿化延深在60~200 m,最深350 m以上。空间上矿脉集中分布呈南、中、北三个区段(图6-4)。按矿脉的产状可分为三组:①北东东向组,走向65°~75°,倾向北北西为主,分布在南、中和北区西段;②东西向组,走向80°~90°,倾向北,倾角75°~85°,分布于北组脉中;③北西西向组,走向275°~285°,倾向北北东,倾角80°,多分布于北组西段。矿脉整体呈狭长的薄板状,矿脉分支复合、尖灭侧现或再现,侧羽分支等现象常见。大脉的组合形式见图6-5。

矿脉主要有长石石英黑钨矿脉、石英黑钨矿脉、硫化物脉,可见石英黑钨矿脉穿插长石石英黑钨矿脉,硫化物脉沿石英黑钨矿脉裂隙分布等现象。

(2)矿化分带。

矿体(脉)的矿物组合在垂向上有明显的分带现象(图6-6):上部锡石、绿柱石、黑钨矿、黄玉;中部黑钨矿、辉钼矿、绿柱石、硫化物(少);下部以硫化物为主(毒砂、黄铜矿、黄铁矿)。

(3)矿石特征。

矿石矿物组成达40余种,有用金属矿物以黑钨矿为主,其他矿物含量较少,伴生矿物有辉钼矿、辉铋矿、锡石、黄铜矿、白钨矿、斑铜矿、毒砂等。脉石矿物以石英为主,长石、云母次之,方解石少量,另有绢云母、黄玉、萤石等。矿区黑钨矿常与油脂光泽强烈的浅灰色石英为主,常呈板状、薄板状、板柱状、垂直或斜交脉壁或脉中。分布于脉壁者常形成梳状或与其他矿物构成条带状、对称条带状构造。

矿石结构主要有结晶结构、固溶体分离结构、交代溶蚀结构等,少量包含结构、压碎结构、梳状结构。矿石构造主要:块状构造、条带状构造、晶洞构造和复脉构造。

矿石中矿物具有多个世代,其中石英、黄铁矿、萤石等矿物的生成贯穿于整个成矿作用过程,按矿物生成顺序可大体划分为硅酸盐→氧化物→硫化物→碳酸盐四个成矿阶段。黑钨矿、锡石、辉铋矿以第二阶段最为发育,至第三阶段仍有黑钨矿产出。

西华山钨矿床WO_3品位为0.875%~1.324%。黑钨矿在矿脉中分布不均匀,含矿系数为0.70~0.95,平均0.85。

4. 围岩蚀变

矿脉脉侧围岩蚀变发育,主要类型有云英岩化、钾长石化、硅化,局部地段尚有绢云母化、绿泥石化、萤石化、电气石化、黄玉化、黑云母化、碳酸盐化等。各种蚀变类型及其蚀变强度沿水平方向常见有三个分带系列:云英岩化分带系列、钾长石化分带系列、硅化分带系列。

脉侧蚀变的垂直分带与水平分带遥相呼应,矿脉上部的水平蚀变分带(由脉壁向外)与矿脉的垂直蚀变分带(自上而下)显示一致性的变化,即从富云母云英岩→正常云英岩→富石英云英岩→硅化(花岗岩)→钾长石化(花岗岩)→正常花岗岩。

5. 成矿作用素材

(1)稳定同位素。

氢、氧同位素:矿区花岗岩及矿床矿物的氢、氧同位素资料[1]显示,西华山岩体各阶段花岗岩全岩 $\delta^{18}O$(SMOW,下同)平均为 $10.96 \pm 0.74‰(n=17)$,花岗岩中石英、钾长石、黑云母的 $\delta^{18}O$ 分别为 $12.34 \pm 0.21‰(n=9)$、$8.73 \pm 0.84‰(n=3)$、$6.79 \pm 0.83‰(n=5)$。

矿床矿脉中石英、黑钨矿 $\delta^{18}O$ 分别为 $12.18 \pm 1.28‰(n=43)$、$6.05 \pm 0.97‰(n=38)$。矿床矿脉中黑钨矿和石英包裹体测得 δD(SMOW)分别为 $-74.19‰(n=23)$、$-55.80‰(n=37)$。

硫同位素:硫化物同位素资料[1]显示 $\delta^{34}S$(CDT)值为 $-2.25‰ \sim +2.43‰$,平均值为 $-0.38‰$,具有以零值为中心的塔式分布特征。

(2)包裹体测温。

西华山钨矿床石英包裹体均一温度范围[1]为 $110 \sim 426℃$,集中于 $170 \sim 340℃$,主要矿脉的均一温度平均在 $200℃$ 以上。

(3)成矿年代学资料。

矿石中辉钼矿 Re—Os 等时线年龄为 157.8 $Ma^{[4]}$,白云母 Ar—Ar 等时线年龄为 152.8 $Ma^{[4]}$。

思考题

1. 江西西华山钨矿床的主要成矿方式是哪类?其主要的控矿地质条件有哪些?
2. 从哪些方面判断江西西华山钨矿床的成矿物质来源于岩浆岩?
3. 为什么将江西西华山钨矿床定为高温热液矿床?

参考文献

[1] 吴永乐,梅永文,刘鹏程,等. 西华山钨矿地质[M]. 北京:地质出版社,1987.
[2] 中国矿床编委会. 中国矿床(中册)[M]. 北京:地质出版社,1994.
[3] Guo Chunli, Chen Yuchuan, Zeng Zailin, et al. Petrogenesis of the Xihuashan granites in Southeastern China: constraints from geochemistry and in-situ analyses of zircon U—Pb—Hf—O isotopes [J]. Lithos, 2012, 148: 209-227.
[4] Hu Ruizhong, Wei Wenfeng, Bi Xianwu, et al. Molybdenite Re—Os and muscovite $^{40}Ar/^{39}Ar$ dating of the Xihuashan tungsten deposit, central Nanling district, South China [J]. Lithos, 2012, 150: 111-118.

实验七

非岩浆热液矿床—湖南花垣铅锌矿床

7.1 实验目的与要求

（1）通过实验，认识非岩浆热液矿床形成的地质条件。

（2）认识湖南花垣铅锌矿床矿体、矿石及围岩蚀变特征，成矿物质可能的来源及成矿流体来源及成矿过程。

（3）对比与岩浆热液矿床成矿条件及成矿特征的差异。

7.2 实验内容及步骤

（1）湖南花垣铅锌矿床位于湘西—黔东地区铅锌汞成矿带内，阅读图7－1，了解湖南花垣铅锌矿床的区域成矿背景。

（2）阅读湖南花垣铅锌矿床地质简图（图7－2）及矿床地层综合柱状图（图7－3），了解矿区内地层、构造、岩浆岩特征，铅锌矿床产出层位、矿床空间分布特征。

（3）湖南花垣铅锌矿床内包含多个铅锌矿床，如土地坪矿床和大脑坡矿床。阅读典型勘探剖面图（图7－4、图7－5）、礁灰岩等厚线、岩相及与矿床的分布图（图7－6），了解矿体的形态、产状特征，主要控制因素等。

（4）观察花垣矿床岩石及矿石标本（表7－1）及相应的光薄片，了解矿区出露岩石特征、矿石类型、矿石结构和矿石构造及矿物组成特征。

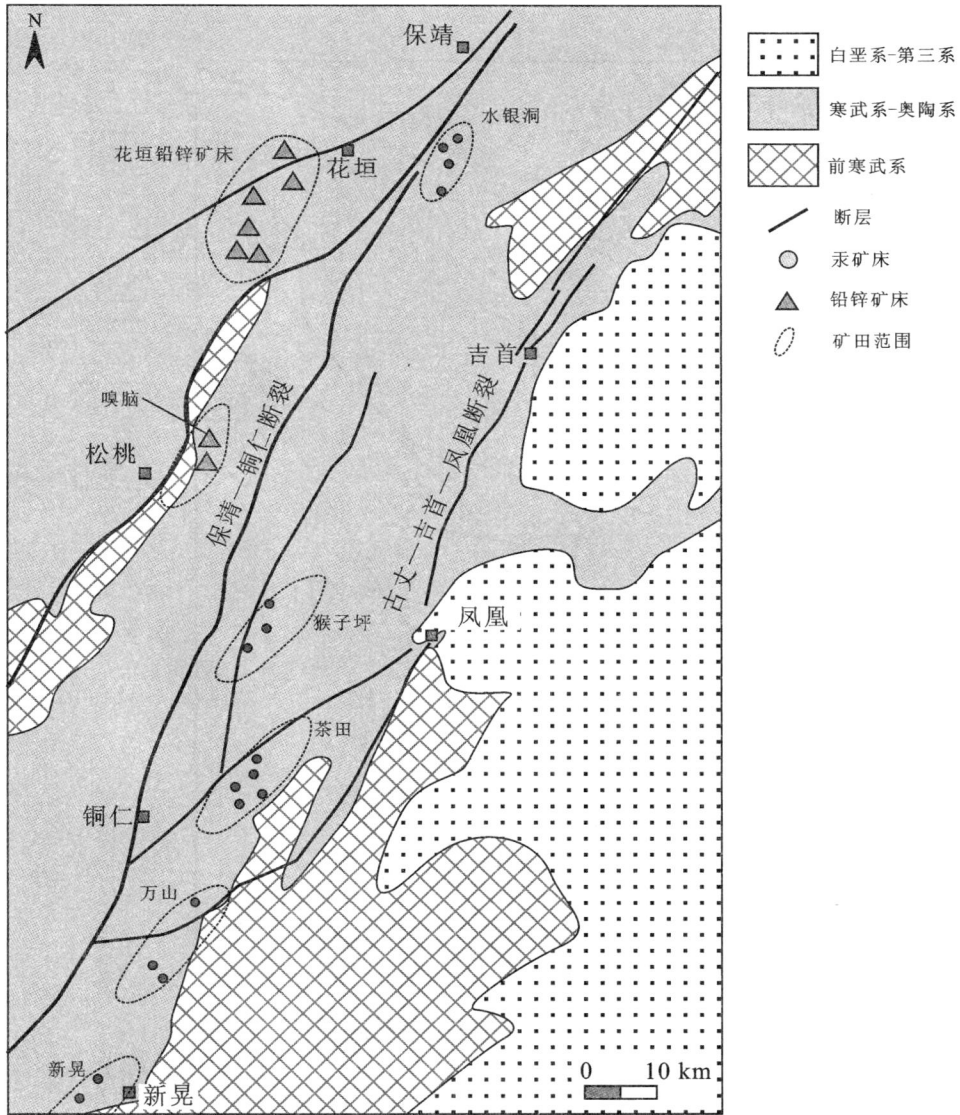

图 7 − 1　湖南花垣铅锌矿床区域地质矿产简图[1]

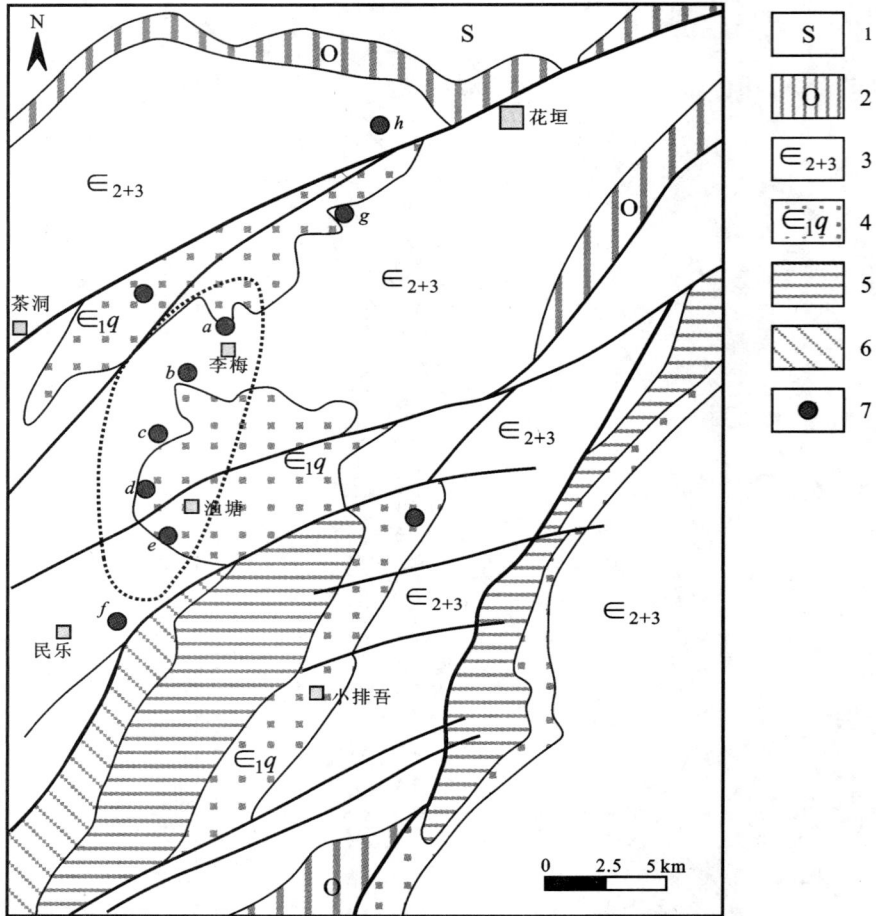

图 7 – 2　湖南花垣铅锌矿床地质简图[2]

1—志留系页岩；2—奥陶系白云岩；3—中上寒武统白云岩；4—下寒武统清虚洞组灰岩；
5—板溪群板岩砂岩；6—震旦系—寒武系下统碎屑岩；7—铅锌矿床（a—李梅；b—巴茅寨；
c—柔先山；d—渔塘；e—老虎冲；f—清水塘；g—大脑坡；h—杨家寨）

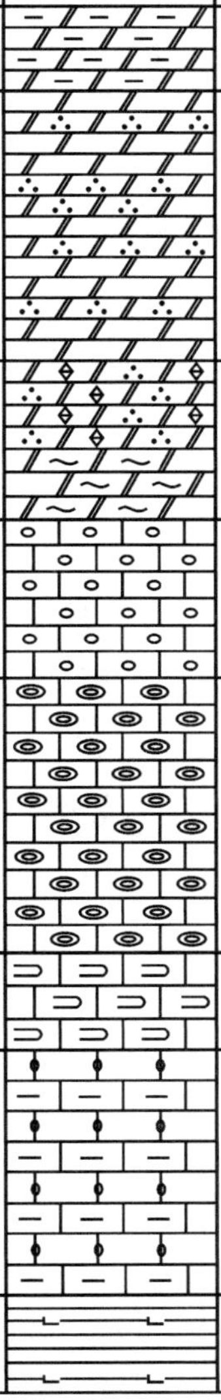

地层	代号	柱状图	厚度/m	岩　性
高台组	$\mathbb{C}_3g$		6~45	泥质白云岩
清虚洞组	$\mathbb{C}_2q^{2\text{-}2}$		35~108	细晶白云岩砂屑白云岩
	$\mathbb{C}_2q^{2\text{-}1}$		37~72	上为泥晶砂屑白云岩；下为纹层状细、粉晶白云岩
	$\mathbb{C}_2q^{1\text{-}4}$		6~70	亮晶、泥晶粒屑、鲕粒灰岩，粒屑为藻屑、藻团粒
	$\mathbb{C}_2q^{1\text{-}3}$		8~215	泥晶-细晶藻灰岩
	$\mathbb{C}_2q^{1\text{-}2}$		10~50	豹皮灰岩
	$\mathbb{C}_2q^{1\text{-}1}$		50~100	泥粉晶灰岩与含泥云质灰岩互层
石牌组	$\mathbb{C}_1s$		40~50	页岩、钙质页岩

图 7-3　湖南花垣铅锌矿床清虚洞组地层综合柱状图[3]

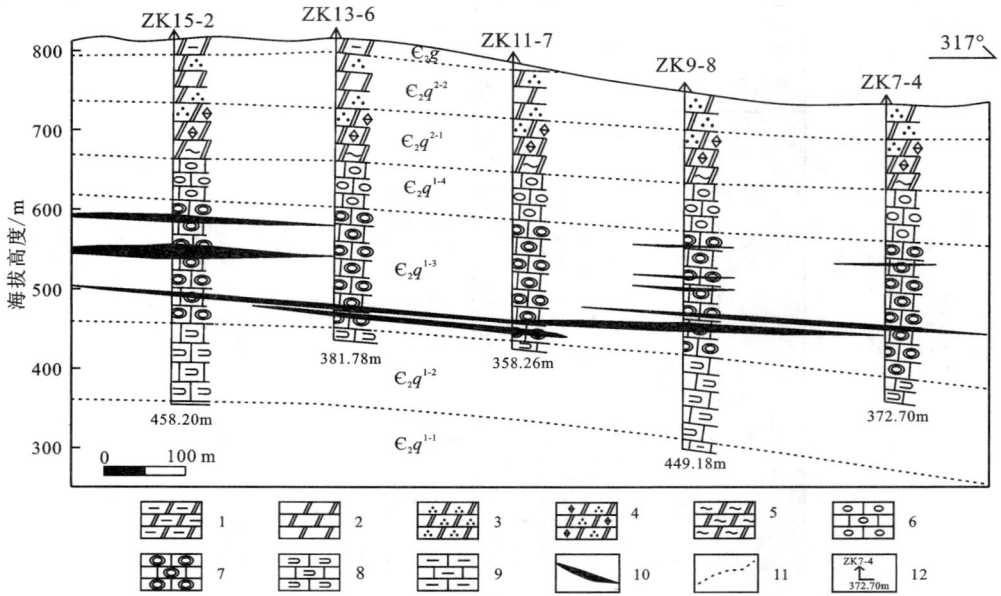

图 7-4　花垣铅锌矿床土地坪矿床 98 勘探线剖面图（湖南省地质局 405 队，1981）

1—泥质白云岩；2—细晶白云岩；3—砂屑白云岩；4—泥晶白云岩；5—纹层状白云岩；

6—粒屑白云岩；7—藻灰岩；8—豹皮灰岩；9—泥质灰岩；10—矿体；11—地质界线；12—钻孔

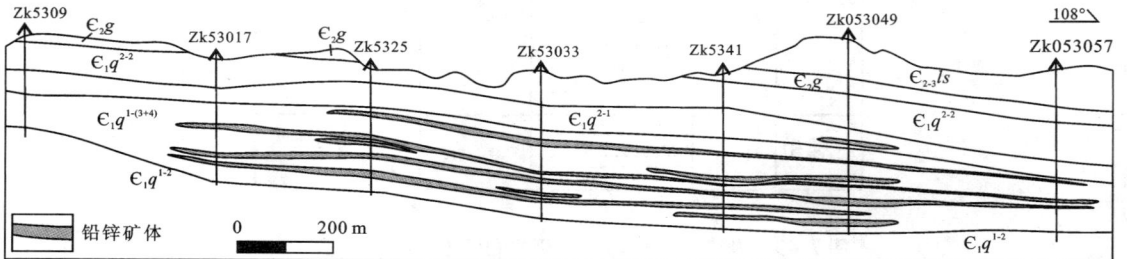

铅锌矿体

图 7-5　花垣铅锌矿床大脑坡矿床 53 勘探线剖面图（湖南省地矿局 405 队，2013）

地层符号及岩性见图 7-3

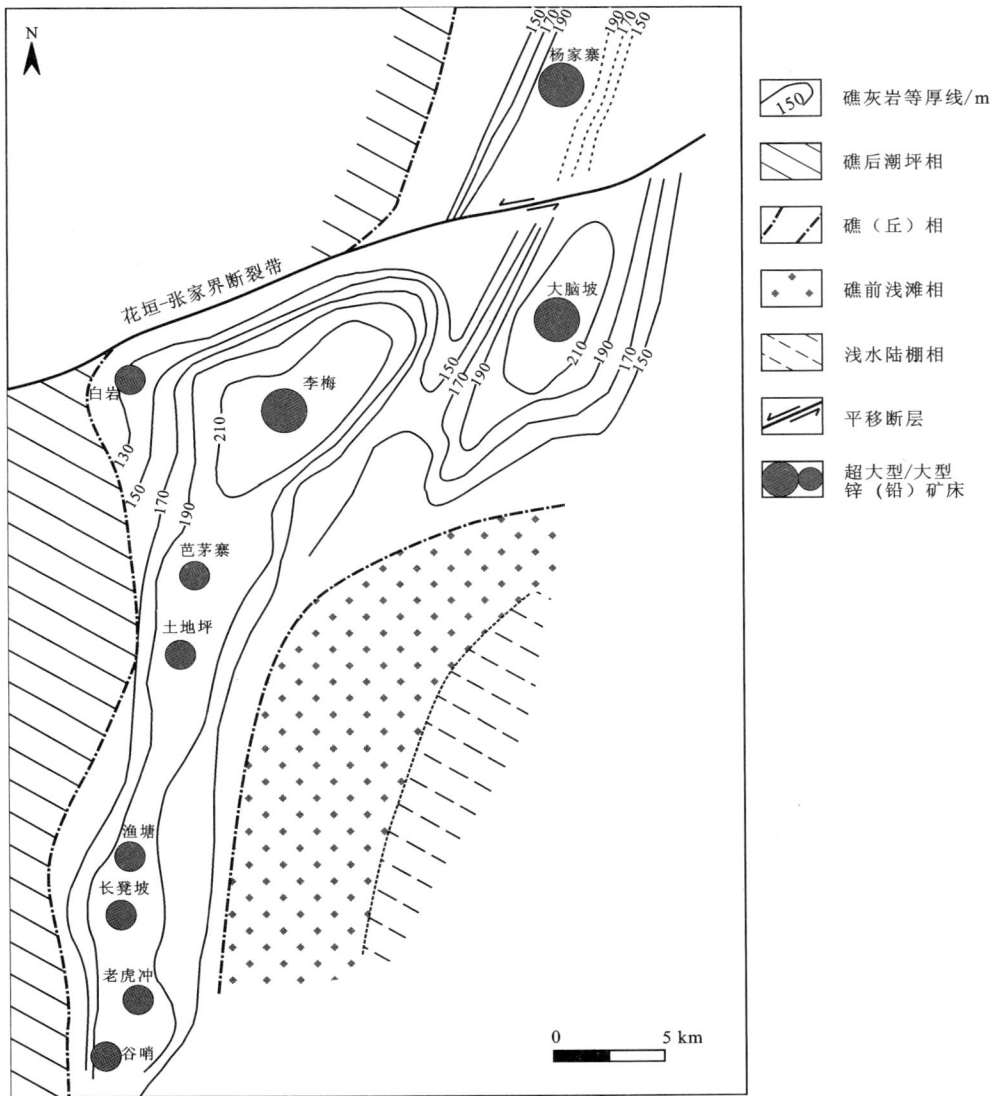

图7-6 花垣铅锌矿床清虚洞组下段 $\in_1 q^{1-(3+4)}$ 岩层等厚线、岩相分带与铅锌矿床分布示意图

(湖南省地矿局405队, 2013)

表 7 – 1　湖南花垣铅锌矿床实验标本

样号	名称	样号	名称
花 001	薄层灰岩	花 007	浸染状矿石
花 002	礁灰岩	花 008	块状矿石
花 003	白云岩	花 009	脉状矿石
花 004	花斑状矿石	花 010	闪锌矿矿石
花 005	斑脉状矿石	花 011	方铅矿闪锌矿矿石
花 006	角砾状矿石	花 012	方铅矿矿石

矿石的观察：

矿石类型：矿石为碳酸盐岩型锌（铅）矿石，按矿物组合可分为（萤石）方解石闪锌矿矿石、白云石闪锌矿矿石、白云石方解石闪锌矿矿石、方解石方铅矿矿石等。

矿石结构与矿石构造：矿石结构主要有它形—自形粒状结构、交代结构及包含结构等。矿石构造主要有不规则脉状构造、花斑状构造、浸染状构造、网脉状构造、角砾状构造等。

（5）综合区域资料、矿床成矿特征及控制要素及矿床地球化学资料，分析花垣铅锌矿床的成矿过程。

7.3　矿床资料及素材

湖南花垣铅锌矿床为众多矿床发育的矿集区，从北东的杨家寨矿床到南部的清水塘矿床，北东长 25 km，宽约 15 km。该区铅锌矿经过经历 20 世纪 50 年代勘探工作以来，特别是 2000 年以来探获大脑坡、杨家寨、清水塘等多个大型超大型低品位铅锌矿床，使得区内铅锌资源量超过 1500 万吨，成为世界级铅锌矿田。

1. 区域地质背景

花垣铅锌矿床位于黔东湘西铅锌汞成矿带的北东段（图 7 – 1），是我国扬子地台周缘铅锌矿重要的成矿区[4]，构造位置上处于扬子陆块东南缘与雪峰（江南）造山带的过渡区。区内的地壳构造运动经历了武陵、雪峰—加里东、海西、印支—喜马拉雅期 4 个发展阶段[5]。以总体呈北东向的褶皱变形和深大断裂为主。大型褶皱有古丈复背斜、摩天岭背斜、涂乍—禾库复向斜等复式褶皱组成，其次级褶皱具有紧闭、同斜或倒卧的形态特征。深大断裂则以花垣—张家界断裂、吉首—古丈断裂、麻栗场断裂为主干所组成的断裂带，呈北北东—北东—北东东向弧形展布，并构成向南西方撒开，往北东方收敛的帚状。区内广泛的发育铅锌汞矿床，这些矿床均受一定地层层位的控制，如花垣铅锌矿田赋存于寒武系下统清虚洞组礁相灰岩中，凤凰汞锌矿田赋存于寒武系中统敖溪组白云岩中[5]。

2. 矿区地质

（1）矿区地层。

湖南花垣铅锌矿床出露地层从新元古界板溪群至早古生界奥陶系，其中新元古界地层分布于矿田南部的摩天岭背斜东南翼，奥陶系地层仅矿田东北部有少量出露。矿田范围内主要出露寒武系下统石牌组、清虚洞组，寒武系中统高台组，寒武系上统娄山关组（图7-2）及第四系。除第四系外，各地层均呈整合接触。含矿岩系寒武系下统清虚洞组根据岩性、结构构造及化石特征等可分为2个岩性段6个岩性亚段（图7-3）。含矿层位为清虚洞组第三和第四岩性段的藻灰岩中，全区矿床分布与这两个岩性段的厚度成正比，勘查显示该两段岩性厚度大于150 m时，可形成大型矿床（图7-6）。

（2）矿区构造。

矿床范围内褶皱构造主要为摩天岭复式背斜，该背斜轴部在两河乡及猫儿乡附近，轴面倾向北东，轴向北北东，长10~12 km。核部出露地层为新元古界板溪群，西翼被两河—长乐断层切割，出露地层为寒武系，岩层产状平缓，通常为5°~12°；东翼出露地层为南华系、震旦系及寒武系牛蹄塘组、石牌组等地层，岩层产状7°~28°。

矿床范围内发育三条主要断裂，由北往南分别为花垣—张家界断裂、两河—长乐断裂及麻栗场断裂（图7-2）。断裂具有多期活动的特点，控制了区内沉积相和矿床的分布，主要的铅锌矿床分布在花垣—张家界断裂与两河—长乐断裂之间。

（3）矿区岩浆岩。

矿床及附近区域均未发现岩浆活动和岩浆岩。

3. 矿体特征

花垣铅锌矿床矿体赋存于清虚洞组下段第三、四亚段藻灰岩中。矿体多为隐伏产出，仅李梅、大脑坡及长登坡等矿区有零星露头（图7-2）。

矿体形态以似层状为主，其次为脉状、角砾状和透镜状。似层状矿体规模最大，是各矿床主要的矿体。矿体多产于含矿层的上部或下部，具有长度和宽度远大于其厚度的特征。矿体产状总体平缓，与岩层接近整合状，倾角3°~15°，一般5°~10°。矿体呈多层状产出（图7-4、图7-5），一般3~7层，最多可达13层。单层矿体厚度多为1~5 m，间距3~15 m不等[3]。矿体一般长120~220 m，宽40~80 m，厚1.2~4.2 m，平均约2 m。矿体以锌矿化为主，锌品位0.52%~7.02%，平均品位为3%左右[5]。矿体大者长500 m，宽240 m，厚2.4 m，品位3.15%。矿体最大者长可达1200 m。锌矿体的产状和延伸方向大于1200 m。锌矿体的产状和延伸方向大同小异。

矿石矿物组成极为简单[6]，金属矿物主要有方铅矿、闪锌矿，次为黄铁矿。脉石矿物以方解石为主，其次为重晶石，少量白云石、石英、萤石、沥青等。

4. 围岩蚀变

围岩蚀变很弱，因围岩本身为灰岩，其碳酸盐岩化（方解石化、白云石化）可见。热液产物黄铁矿、重晶石、萤石等矿物在围岩中局部地段较为发育。

5. 成矿作用素材

（1）成矿物质来源。

硫同位素研究显示矿床内方铅矿、闪锌矿的硫同位素组成变化小，$\delta^{34}S$ 值主要在为20‰~32.4‰[7,8]，以重硫为特色，接近地史时期下寒武统海相硫酸盐的 $\delta^{34}S$ 变化范围，硫来源于膏盐层或含矿岩系中原生封存卤水。

（2）成矿温度及流体性质。

前人开展了花垣矿床矿石中的闪锌矿、方解石、重晶石及萤石中流体包裹体研究[7-9]。

包裹体直径为 5~15 μm，以液相包裹体为主，气液包裹体次之，有少量含子晶的三相包裹体。闪锌矿均一温度为 80~180℃，平均约 120℃。不同产状的闪锌矿矿物其包裹体具有明显的差异，下部矿层沿缝合线产出的浅黄色闪锌矿，均一温度为 60~85℃，中上部矿层的斑块状方解石脉中的黄绿色闪锌矿均一温度为 110~140℃。盐度较高，为 4.49%~39.24%，平均为 14%~18%[10-12]。

群体包裹体成分研究[7,10,13]显示流体组分中 $Na^+ > K^+$、$Ca^{2+} > Mg^{2+}$、$Cl^- > F^-$ 的特点，属于 $CaCl_2$ 型深层热卤水[11,12]。

方解石氢、氧同位素组成显示占 δD 值与 $\delta^{18}O$ 值均较高，氢氧同位素组成落在卤水区，表明成矿流体主要来源与建造水(同生水)有关[10-12]。

思考题

1. 为什么产在灰岩中的层状矿体是热液成矿作用而不是沉积成矿作用?
2. 该类热液作用受到层位的控制，可能的原因是什么?
3. 该类矿床成矿流体有何特点?

参考文献

[1] Liu Jianping, Rong Yanan, Zhang Shugeng. Mineralogy of Zn—Hg—S and Hg—Se—S series minerals in carbonate – hosted mercury deposits in Western Hunan, South China. Minerals, 2017, 7(6), 101.

[2] 彭国忠. 湖南花垣渔塘地区层控型铅锌矿床成因初探[J]. 地质科学, 1986, 21(2): 179 – 186.

[3] 隗含涛. 湘西花垣铅锌矿成矿作用研究[D]. 长沙: 中南大学, 2017.

[4] 芮宗瑶, 叶锦华, 张立生, 等. 扬子克拉通周边及其隆起边缘的铅锌矿床[J]. 中国地质, 2004, 31(4): 337 – 346.

[5] 杨绍祥, 劳可通. 湘西北铅锌矿床的地质特征及找矿标志[J]. 地质通报, 2007, 26(7): 899 – 908.

[6] 王育民, 朱家鳌, 余琼华. 湖南铅锌矿地质[M]. 北京: 地质出版社, 1988.

[7] 周振冬, 王润民, 庄汝礼, 等. 湖南花垣渔塘铅锌矿床矿床成因的新认识[J]. 成都地质学院学报, 1983, 10(1): 1 – 21.

[8] 蔡应雄, 杨红梅, 段瑞春, 等. 湘西 – 黔东下寒武统铅锌矿床流体包裹体和硫、铅、碳同位素地球化学特征[J]. 现代地质, 2014, 28(1): 29 – 41.

[9] 刘文均, 郑荣才, 李元林, 等. 花垣铅锌矿床中沥青的初步研究—MVT 铅锌矿床有机地化研究[J]. 沉积学报, 1999, 17(1): 19 – 23.

[10] 刘文均, 郑荣才. 花垣铅锌矿床成矿流体特征及动态[J]. 矿床地质, 2000, 19(2): 173 – 181.

[11] 刘宝珺, 王剑. 一个与生物丘有关的成岩成矿模式[J]. 四川地质学报, 1989, 9(1): 39 – 44.

[12] 刘宝珺, 王剑. 湘西花垣李梅铅锌矿区古热液卡斯特特征及其成因研究[J]. 大地构造与成矿学, 1990, 14(1): 57 – 67.

[13] 夏新阶, 舒见闻. 李梅锌矿床地质特征及其成因[J]. 大地构造与成矿学, 1995, 19(3): 197 – 204.

实验八

火山热液矿床—甘肃白银厂铜铅锌矿床

8.1　实验目的与要求

（1）通过本次实验，认识海相火山块状硫化物矿床产出地质条件。

（2）掌握与海相火山块状硫化物矿床的特征。

（3）学会分析海相火山块状硫化物矿床的成因及成矿规律。

8.2　实验内容及步骤

（1）阅读甘肃白银厂铜铅锌矿床地质简图（图8-1），了解矿区火山岩的分布、构造特征及矿床产出构造位置。

（2）甘肃白银厂铜铅锌矿床包含多个矿床，如：折腰山矿床、火焰山矿床、小铁山矿床等。阅读折腰山—火焰山矿床地质剖面图（图8-2）和小铁山矿床XII勘探线地质剖面图（图8-3），了解两个矿床的矿体形态产状特征。

（3）通过典型的岩石、蚀变围岩及矿石标本（表8-1）观察及相应的光薄片鉴定，认识矿区主要的岩石类型、岩石特征及其形成环境；对主要矿石类型的矿物组成、矿石结构与矿石构造进行观察。

火山岩—次火山岩的观察：

矿区火山岩为富钠质的火山岩，为细碧岩—石英角斑岩类（包含细碧岩、角斑岩、石英角斑岩），同时，各类火山岩相发育较为齐全，包含次火山岩、火山岩、火山碎屑熔岩、火山碎屑岩，因此，形成了复杂的岩性组合。如酸性的石英角斑质岩石，形成了石英钠长斑岩（次火山岩）、石英角斑岩（熔岩）、石英角斑凝灰熔岩（火山碎屑熔岩）、石英角斑凝灰岩（火山碎屑岩）。

注意矿区各类火山岩的空间分布所指示的火山岩环境。此外矿区还发育热水沉积岩。

（4）结合实验图件及标本观察，对该类火山热液矿床的产出地质条件、矿体形态、矿石组成及矿化分带等特征进行归纳总结，并查阅相关文献，分析该类矿床的成矿物质来源及成矿流体特征，分析矿床成矿过程。

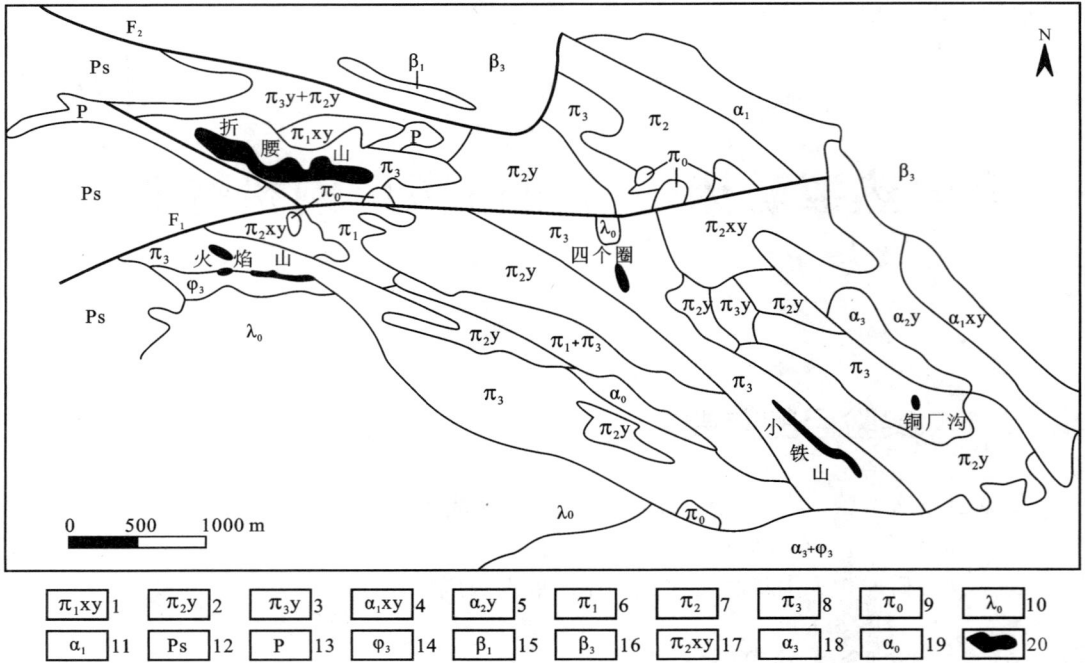

图 8-1 甘肃白银厂铜铅锌矿床地质简图[1]

1—含角砾集块石英角斑岩；2—含角砾石英角斑凝灰熔岩；3—含角砾石英角斑凝灰岩；4—含角砾集块角斑凝灰岩；5—含角砾角斑凝灰熔岩；6—石英角斑岩；7—石英角斑凝灰熔岩；8—石英角斑凝灰岩；9—石英钠长斑岩；10—辉绿岩；11—角斑岩；12—硅质千枚岩；13—凝灰质千枚岩；14—细碧玢岩凝灰岩；15—细碧岩；16—细碧质凝灰岩；17—含角砾集块石英角斑凝灰熔岩；18—角斑凝灰岩；19—钠长斑岩；20—矿体；粗线为断层，细线为地质界线

表 8-1 甘肃白银厂铜铅锌矿床实验标本

样号	名称	样号	名称
白 001	细碧岩	白 008	星点状铜矿石
白 002	角斑岩	白 009	条带状铜铅锌矿石
白 003	钠长斑岩	白 010	块状铜铅锌矿石
白 004	石英角斑岩	白 011	块状黄铁矿矿石
白 005	石英钠长斑岩	白 012	硅质千枚岩
白 006	石英角斑凝灰岩	白 013	碧玉岩
白 007	石英角斑集块岩	白 014	大理岩

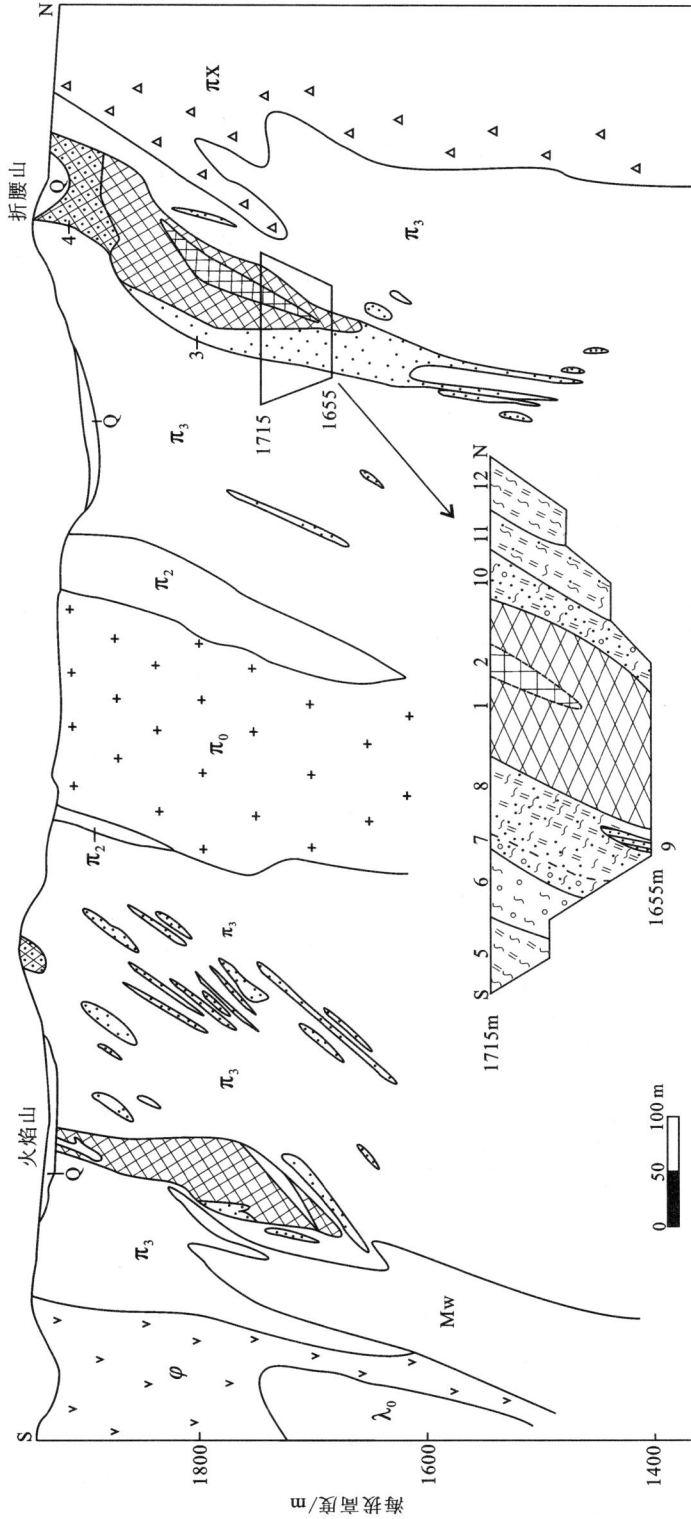

图 8-2　折腰山-火焰山矿床地质剖面图[1]

1—块状黄铁矿矿体；2—含铜块状黄铁矿矿体；3—细脉浸染状黄铜矿矿体；4—硅化铁帽；5—强绢云母化石英角斑凝灰岩；6—强绢云母化次硬砂岩；7—强绿泥石化次硬砂岩及细脉浸染石英角斑凝灰岩；8—强绿泥石化浸染石英角斑凝灰岩；9—凝灰质干枚岩次硬砂岩及细脉浸染状铜矿体；10—强绿泥石化细粒浸染状铜矿体；11—硅化、绿泥石化细粒石英角斑凝灰岩；12—硅化细粒石英角斑凝灰岩；π_0—石英钠斜长岩（潜火山岩）；π_2—石英斑凝灰岩与薄层次硬砂岩互层及细脉浸染砂岩；π_3—石英角斑凝灰岩；π_x—石英角斑凝灰熔岩；λ_0—变辉绿岩；Q—第四系英角斑凝灰熔岩；MW—钙质绢云母片岩；φ—细碧岩；

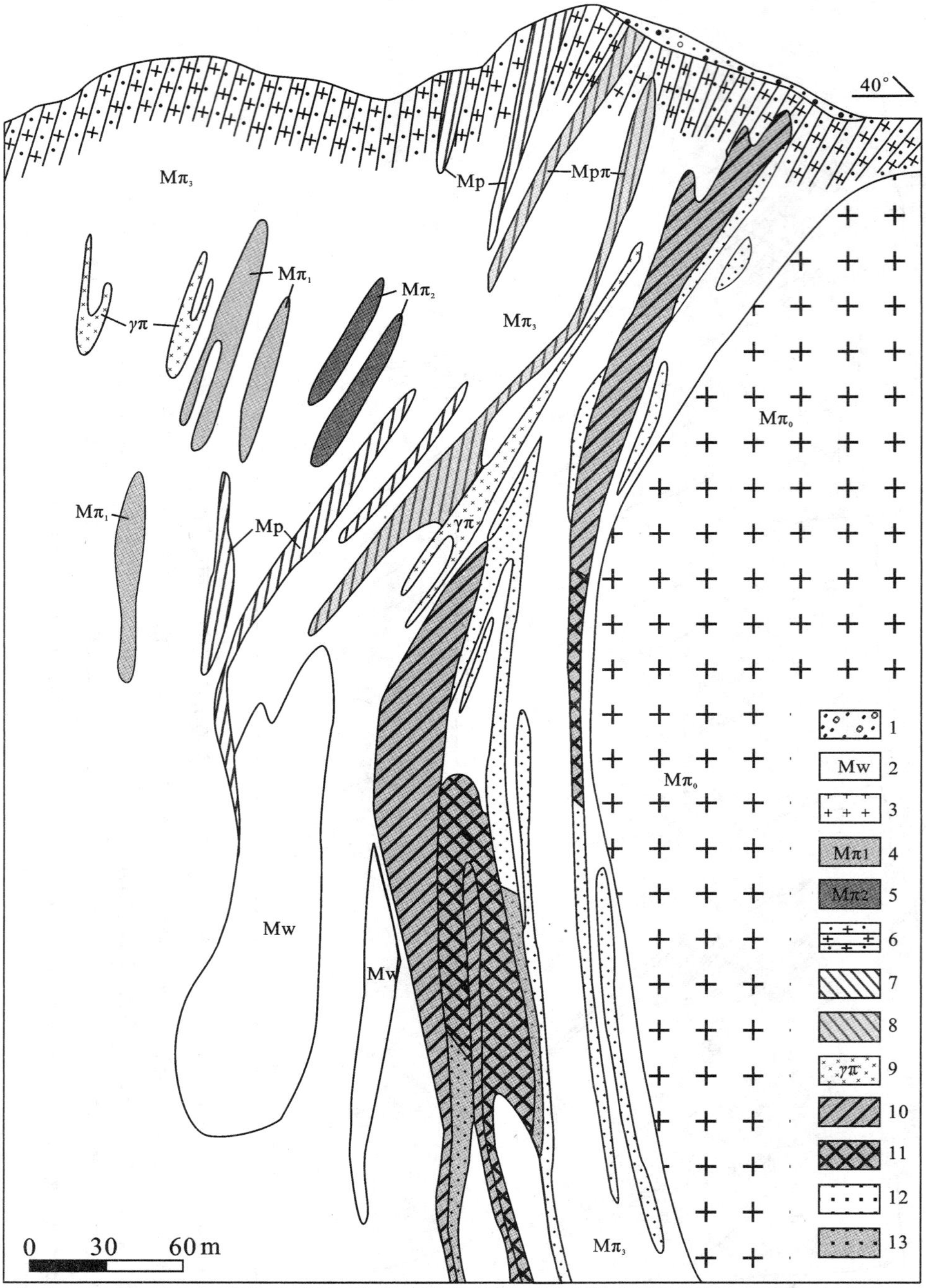

图 8-3 小铁山矿床XII勘探线剖面图[1]

1—坡积物；2—绿泥石石英片岩；3—石英钠长斑岩（Mπ₀）；4—石英角斑岩（Mπ₁）；5—石英角斑凝灰熔岩
（Mπ₂）；6—石英角斑凝灰岩（Mπ₃）；7—凝灰质千枚岩（Mp）；8—中酸性凝灰千枚岩（Mpπ）；9—花岗斑岩脉
（γπ）；10—块状铜铅锌矿石；11—块状含铜黄铁矿矿石；12—浸染状铜铅锌矿石；13—浸染状铜矿石

8.3 矿床资料与素材

甘肃白银厂铜铅锌矿床是我国海相火山岩中矿床的典型代表,发育多个大中小型规模不等的矿床,主要有折腰山、火焰山、小铁山、铜厂沟、四个圈等。累计探明铜130万吨,锌81万吨,铅41万吨,并伴生金银[2]。因产出环境和矿石的差异,矿田内可分为两类矿床[2]:①块状黄铁矿和含铜黄铁矿矿床,如折腰山、火焰山;②以铜铅锌为主的多金属黄铁矿矿床,如小铁山、铜厂沟、四个圈矿床。本实验教学的素材涉及折腰山、火焰山和小铁山三个矿床,所以矿体及矿石特征阐述以这三个矿床为主。

1.区域地质背景

白银厂矿床大地构造位置,属祁连褶皱系,北祁连优地槽褶皱带[2]。白银厂地区火山岩发育,为加里东末期产物[2],可分为三个旋回:早旋回(寒武纪)形成白银厂火山岩系;中旋回(奥陶纪)形成中堡群和银铜沟群火山岩系;晚旋回(早志留世)形成马营沟组火山岩。火山活动的规模和强度以早、中旋回为强,晚旋回则显著减弱,且只在局部地区发育。根据火山岩分布可分为南、中、北三个火山岩带,其中白银厂矿田产于中带的白银—石青硐火山岩带。容矿的火山岩隆起由早期(寒武纪)及中期(奥陶纪)火山岩组成。早期细碧—角斑岩产于火山岩短轴状复式背斜核部,中期奥陶系碱性玄武岩不整合覆盖其上。

2.矿区地质

矿区中寒武世海相火山岩系十分发育[1],分布在南北宽约3 km、东西长6 km范围内(图8-1)。矿区北部基性岩组逆掩于酸性岩组之上,南部中基性岩组假整合于酸性岩组之下,西部在酸性凝灰岩之上覆盖有凝灰质千枚岩、硅质千枚岩、铁锰质千枚岩。东部被晚期凝灰质砂岩所覆盖,使得该区火山杂岩形成了"似牛眼状"的长穹隆构造,矿床赋存在石英角斑凝灰岩夹凝灰质岩层内。

矿区构造较为复杂,总体为一向北倒转、西端倾伏的复式背斜(火山隆起),轴向大致为305°~310°,轴面倾向南西且具波状起伏,沿倾斜方向小褶皱较多。火山岩隆起北、西、南三面以断层为界。隆起内断裂构造发育,以北北西向和北西西向为主,次为近东西向。

3.矿体特征

(1)折腰山、火焰山矿床。

折腰山矿床处于短轴背斜核部(图8-2),以石英角斑岩为中心向南北两侧岩石分布有一定对称性。矿段内矿化带长1150 m,厚250~300 m[2],发育196个矿体,主矿体为1、2、3、9四个,占铜总储量的93%,矿体产状东西略有变化(Ⅶ线为界)。Ⅶ线以西矿体走向275°~295°,倾向50°~70°;Ⅶ线以东矿体走向由285°至东西向转为南东东,倾向由南转为南西,倾角65°~75°。东部矿体厚大陡倾斜,多呈扁豆状和透镜状集合体,西部矿体层位变薄,且多分支复合,形态复杂,倾角较缓。单个矿体一般上部和中部位厚度大,向深部和上下盘有分支尖灭的趋势。矿体沿走向和倾向均有断续再现现象。

火焰山矿床位于折腰山矿床南侧(图8-2),矿段内矿带东西长约1000 m,宽250~300 m,深度控制在300 m以上,总体走向东部为北西西,向西变为北北西,向南西陡倾,倾角60°~80°。主矿体(16号矿体)呈透镜体状产出,长250~400 m,厚5~60 m,斜长200~300 m。矿体东西两端发育3~5个分支尖灭于石英角斑凝灰岩中。

（2）小铁山矿床。

小铁山矿床为隐伏矿床，地表仅发现一处小规模的铁帽。含矿带长 1100 m，宽一般 30 ~ 100 m，最宽达 200 m[2]，产于石英角斑凝灰岩与石英钠长斑岩的接触带靠石英角斑凝灰岩一侧（图 8 - 3）。矿带中分布 10 余个矿体，其中 3 个主矿体占总储量的 90%。主矿体最长达 1000 m，延深大于 500 m，最大厚度 8 ~ 45 m，平均厚度 5 ~ 5.5 m[2]。矿体形态以似层状、透镜状为主，矿体产状与围岩片理产状基本一致，总体走向为 300° ~ 320°，倾向南西，倾角 60° ~ 80°，浅部较缓，深部较陡，近乎直立。矿体沿走向、倾向有分支、复合、膨缩、尖灭、重现等现象。

4. 矿石特征

白银厂矿田内矿石中主要矿物为黄铁矿，而黄铜矿、闪锌矿、方铅矿等矿物因成矿部位的不同含量上存在差异。折腰山、火焰山矿床以铜为主，小铁山矿床以铅锌为主。

矿石类型：根据矿石主要矿物（黄铁矿、黄铜矿、闪锌矿、方铅矿）的含量可分为黄铜矿—黄铁矿矿石、黄铜矿方铅矿闪锌矿—黄铁矿矿石、方铅矿闪锌矿—黄铁矿矿石、黄铁矿矿石等；按矿石构造特征，可分为块状、浸染状、条带状、网脉状、角砾状矿石等。

折腰山、火焰山矿床主矿体以块状的含黄铜矿黄铁矿矿石、黄铜矿—黄铁矿矿石为主，边部及下部以条带状矿石为主。折腰山、火焰山矿床主成矿元素为 Cu、Pb、Zn，三矿种的储量比为 50∶6∶1，为铜型矿床[2]，伴生 Au、Ag、Pt 及稀散元素 Se、Ga、In、Cd、Ge 等。折腰山矿床 Cu 品位平均 2.29%，火焰山矿床 Cu 品位平均 1.3%。

小铁山矿床矿体矿石矿物组合有黄铁矿—黄铜矿—闪锌矿组合和闪锌矿—方铅矿组合，矿石构造上矿体底部以浸染状为主，中部以块状或条带状矿石为主。主要有用组分为 Cu、Pb、Zn、S 等，矿床平均品位 Cu 1.26%、Pb 3.39%、Zn 5.33%。

矿石矿物组成：主要金属矿物有黄铁矿、闪锌矿、方铅矿和黄铜矿；次要矿物有黝铜矿—砷黝铜矿类、斑铜矿、辉铜矿、铜蓝等；少量或微量矿物有毒砂、磁黄铁矿、磁铁矿、金红石、硫砷铜矿、赤铁矿及金银类矿物、自然铋及铋的硫化物等。脉石矿物有石英、绢云母、重晶石、绿泥石类、碳酸盐类等。

矿石结构及矿石构造：矿石构造主要有致密块状、稠密浸染状、浸染状、条带状、条纹状、斑杂状、细脉浸染状、脉状及网脉状、揉皱构造、角砾状构造等。

矿石结构主要有粒状结构、细脉及网脉交代结构、溶蚀结构、交代晶结构、反应边结构、交代残余结构、包含变晶结构，以及乳滴状、格子状、压碎、揉皱、再结晶结构等。

5. 围岩蚀变

矿床围岩蚀变普遍发育[2]，近矿围岩以绢云母化、硅化为主。远矿围岩在基性火山岩中发育非常广泛的碳酸盐化、绿泥石—绿帘石化、绢云母（白云母）化。近矿围岩蚀变根据含矿石英角斑岩中长石被交代的程度，绢云母化和硅化的发育程度，由矿体内向外可分为强蚀变带 C1（石英绢云母亚带、绢云母石英亚带、次生石英亚带）、中等蚀变带 C2（假象无长石残斑片岩带）、弱蚀变带 C3（残斑片岩带）、过渡带 C4（片状岩石带）四个蚀变带[2]，其中 C1 是否存在无长石带是评价蚀变带是否含矿的重要标志[2]。

6. 成矿作用素材

（1）稳定同位素特征。

折腰山、火焰山矿床硫化物硫同位素测试结果[2]显示黄铁矿 $\delta^{34}S_{CDT}$ 为 2.5‰ ~ 5.3‰，黄铜矿 3.8‰ ~4.9‰，磁黄铁矿、闪锌矿和方铅矿平均分别为 3.55‰、3.05‰、2.38‰。小铁山矿床黄铁矿、闪锌矿 $\delta^{34}S_{CDT}$ 为 3.9‰ ~5.40‰，平均 4.7‰，方铅矿平均为 2.6‰。

（2）流体包裹体性质及来源。

折腰山矿床：侯增谦等[3]对折腰山矿床的蚀变围岩、块状矿石和下盘脉状—网脉状矿石中的石英包裹研究显示矿床中发育四类包裹体：气液两相包裹体（类型Ⅰ）、含子晶多相包裹体（类型Ⅱ）、富 CO_2 包裹体（类型Ⅲ）、富 CH_4 包裹体（类型Ⅳ）。Ⅰ类型包裹体在各类矿石及蚀变围岩中发育，均一温度具有较大的变化范围（62 ~ 500℃），流体盐度（质量分数）为 1.57% ~23%。Ⅱ及Ⅲ类包裹体在脉状—网脉状矿石及其蚀变围岩中发育，Ⅱ类型包裹体出现子晶有石盐、KCl 子晶及未知矿物子晶，均一为液相的温度为 280 ~430℃，盐度为 31% ~38% 之间。Ⅲ类型包裹体或均一成液相或均一为气相，总体均一温度变化于 226 ~335℃，流体盐度为 2.2% ~8.13%。而Ⅳ类包裹体在块状矿石和脉状矿石中发育，流体组成几乎为单一的 CH_4。这些特征表明成矿流体系统是富含 CH_4 和 CO_2 的 H_2O—NaCl 流体，为复杂的、多来源及多性质的混合流体。

小铁山矿床：梁婉娟等[4]对矿体下盘脉状 - 网脉状矿石（Ⅰ类矿石）、矿体上盘黄铁矿—重晶石矿石（Ⅱ类矿石）及块状硫化物矿石（Ⅲ类矿石）进行了包裹体研究，其中Ⅰ类矿石中石英流体包裹体均一温度为 174 ~452℃，盐度范围为 0.88% ~9.86%；Ⅱ类矿石中重晶石流体包裹体均一温度为 149 ~388℃，盐度范围为 2.07% ~12.16%；Ⅲ类矿石中石英流体包裹体均一温度为 178 ~296℃，盐度范围为 1.91% ~ 14.46%。总体显示成矿流体温度范围为 150 ~400℃，盐度高于海水。

思考题

1. 折腰山、火焰山矿床与小铁山矿床在成矿元素的差异可能是由什么引起的？
2. 矿床中块状矿石和浸染状矿石有哪些差异？其成矿作用上有什么差异？

参考文献

[1] 黄崇轲，白冶，朱裕生. 中国铜矿床[M]. 北京：地质出版社，2001.
[2] 中国矿床编委会. 中国矿床（上册）[M]. 北京：地质出版社，1989.
[3] 侯增谦，李荫清，张琦玲，等. 海底热水成矿系统中的流体端员与混合过程：来自白银厂和呷村 VMS 矿床的流体包裹体证据[J]. 岩石学报，2003，19（2）：221 – 234.
[4] 梁婉娟，严光生，李景朝，等. 甘肃小铁山铅锌多金属矿床流体包裹体特征[J]. 矿物岩石地球化学通报，2016，35（2）：317 – 327.

实验九

胶体化学沉积矿床—河北庞家堡铁矿床

9.1 实验目的与要求

(1)了解和掌握海相沉积铁矿床的基本特点、形成时的古地理环境和矿床分布规律。

(2)熟悉海相沉积铁矿床的矿体空间分布、矿石矿物成分和矿石结构构造特征。

(3)掌握沉积型矿床成因分析和成矿条件分析的方法。

9.2 实验内容及步骤

(1)阅读河北庞家堡铁矿床地质简图(图9-1)、矿区西段地质简图(图9-2)、矿区剖面图(图9-3),了解矿区地层、构造、岩浆特征;含矿层分布、含矿层与围岩的关系。

(2)阅读河北庞家堡铁矿床15勘探线剖面图(图9-4)、含矿层综合柱状图(图9-5)、矿区沿走向矿层沉积相变图(图9-6),结合矿区地质简图(图9-1、图9-2),了解含矿层规模、形态、产状特征。

(3)观察矿区主要岩石(石英砂岩、砂页岩及炭质页岩、花岗岩)和矿石(不同类型)的标本(表9-1),掌握矿区岩石和矿石主要矿物组成与结构构造特征及其沉积环境。了解铁矿沉积时海水的深浅和震荡情况,原始物质的来源及其搬运方式。

按集合体大小,沉积矿石结构分为鲕状、豆状和肾状三种,直径大小分别为小于2 mm、2 mm~1 cm、大于1 cm。

注意岩石标本的波痕等沉积构造所反映的沉积环境。

(4)阅读河北庞家堡铁矿床一带长城纪串岭沟世早期古地理图(图9-7),了解该地区铁矿的沉积环境,再结合岩相、岩性进一步理解沉积铁矿的形成条件。

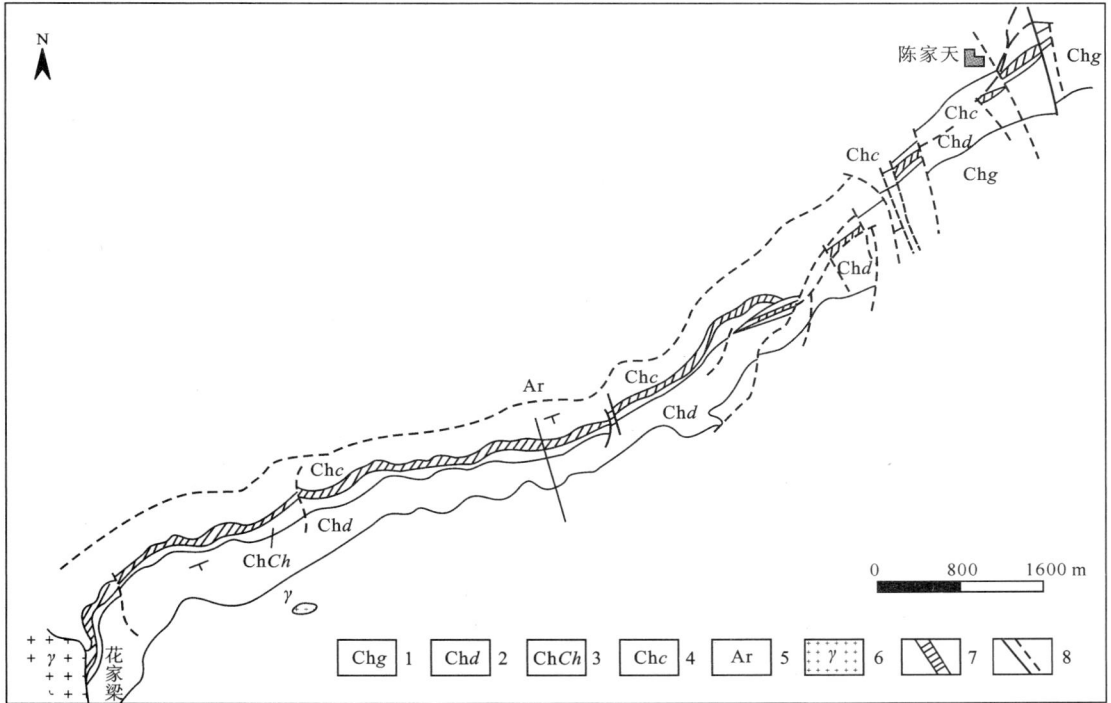

图 9-1　河北庞家堡铁矿床地质简图[1]

1—长城系高于庄组白云岩；2—长城系大红峪组石英砂岩；3—长城系串岭沟组砂页岩；4—长城系常州沟组石英岩；5—太古宇片麻岩；6—花岗岩；7—含矿层；8—实测与推断断层

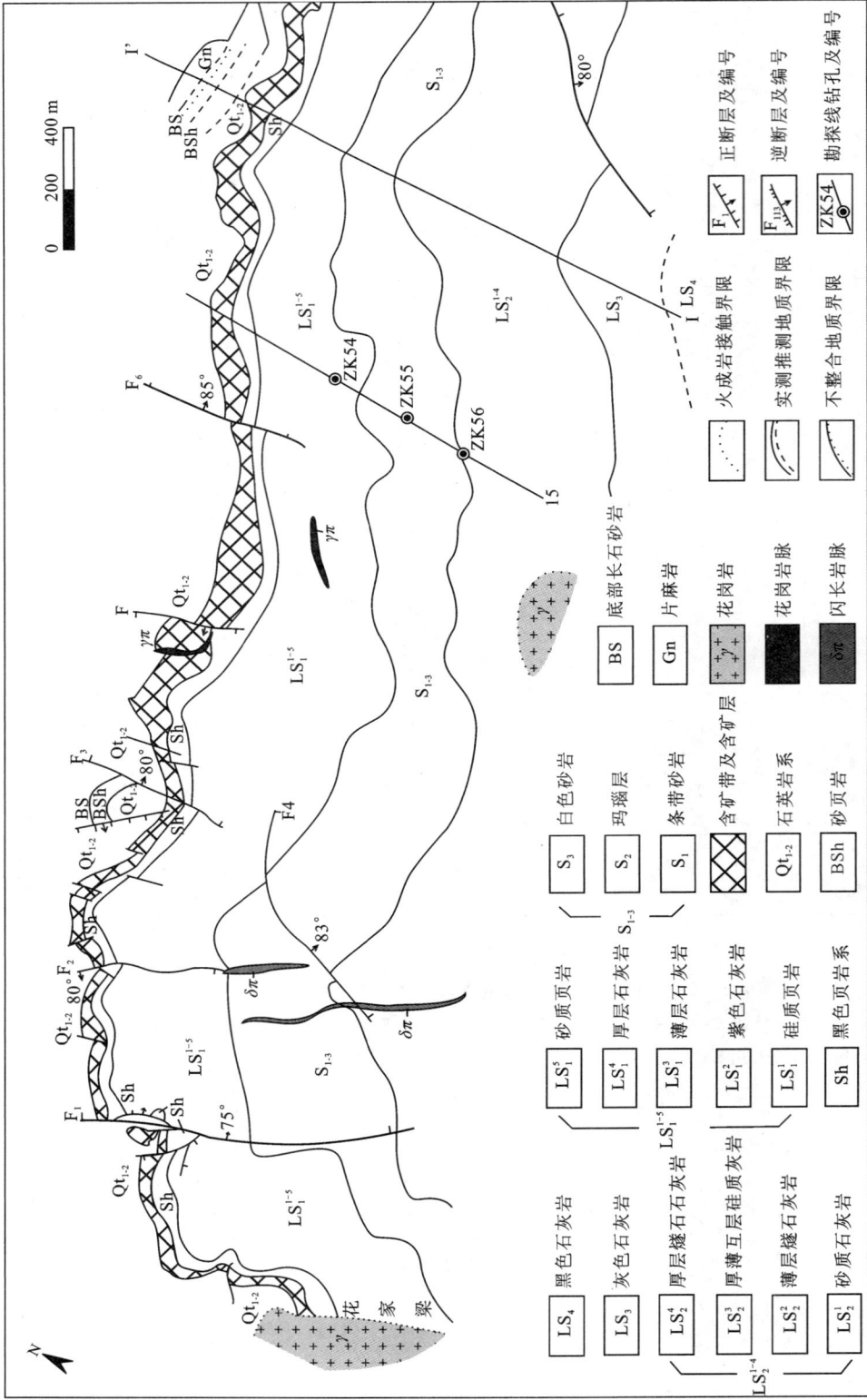

图 9-2 河北庞家堡铁矿床西段地质简图（据铁矿地质勘探规范编写组，1981）

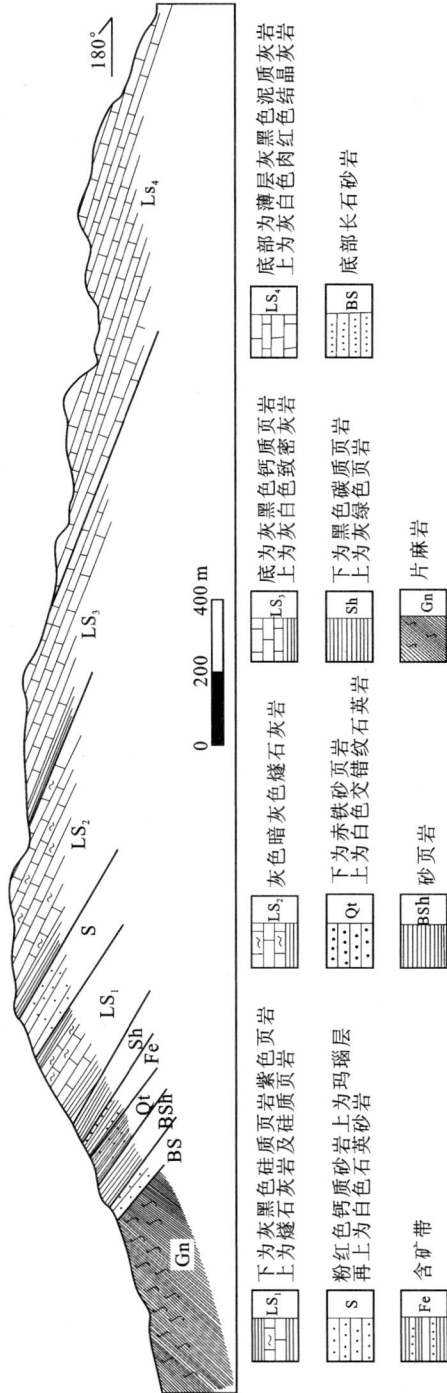

图9-3　河北庞家堡铁矿床剖面图（据铁矿地质勘探规范编写组，1981）

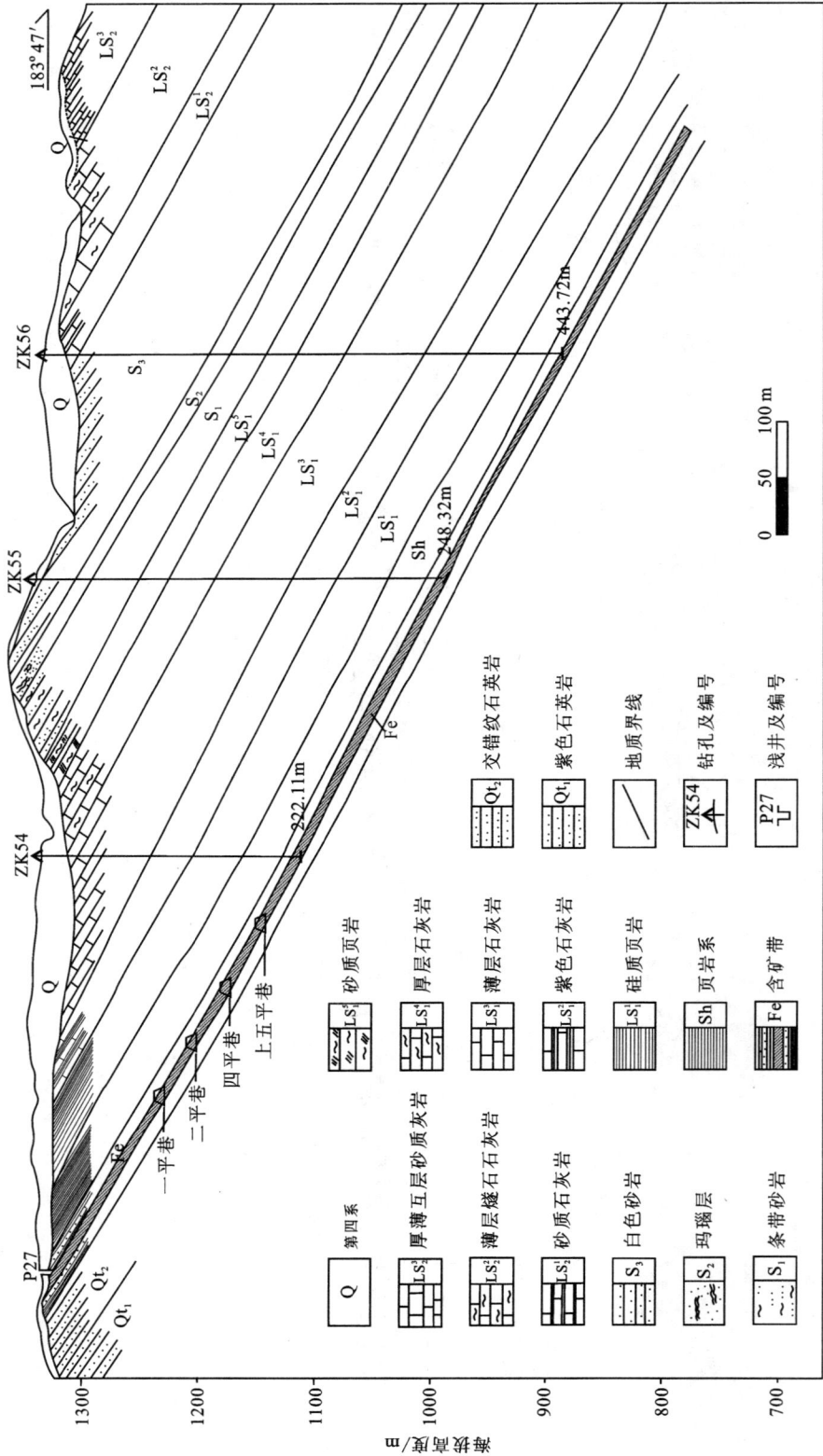

图 9 - 4 河北庞家堡铁矿床 15 勘探线剖面图（据铁矿地质勘探规范编写组，1981）

图例：

	第四系 Q		砂质页岩 LS_2^3
	厚薄互层砂质灰岩 LS_2^2		厚层石灰岩 LS_1^5
	薄层缝灰岩 LS_1^4		薄层石灰岩 LS_1^3
	砂质石灰岩 LS_1^2		紫色石灰岩 LS_1^1
	白色砂岩 S_3		硅质页岩 Sh
	玛瑙层 S_2		页岩系 Sh
	条带砂岩 S_1		含矿带 Fe

交错纹石英岩 Qt_2　紫色石英岩 Qt_1　地质界线　钻孔及编号 ZK54　浅井及编号 P27

名称	厚度/m	柱状图	岩性
矿上砂页岩	3.00		含铁砂岩，硅质（钙质）胶结，含菱铁矿层或菱铁矿颗粒
	6.00		黑色页岩为主夹页岩互层，底部有极薄的菱铁矿层
含矿层	5.50		
矿下砂页岩	3.00		白色厚层石英岩（称小白石英岩）顶部有含铁石英岩
	5.00		黑色页岩（为主）与薄层砂岩互层

含矿带

名称	矿层号	厚度/m	柱状图	岩性
含矿层	0	0.30		菱铁矿
	I	1.70		鲕状赤铁矿
		1.20		薄层石英岩（单层厚3～5cm）夹薄层灰岩
	II	1.00		赤铁矿夹菱铁矿，鲕状、偶见肾状
		0.80		厚层石英岩（单层厚40～50cm）夹薄层页岩
	III	0.53		赤铁矿、时夹菱铁矿、肾状

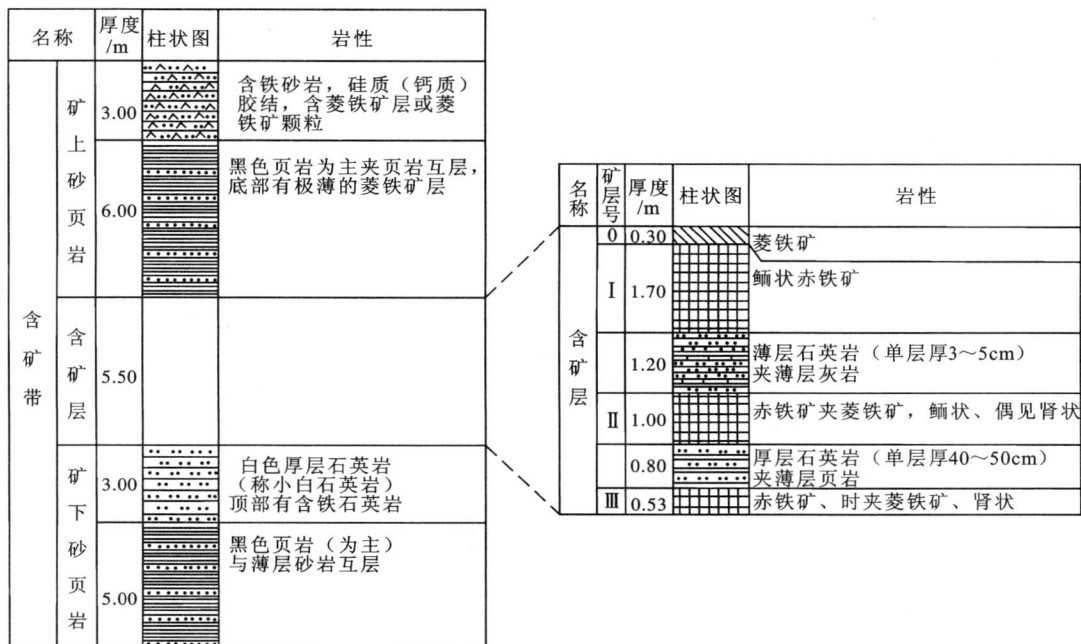

图 9-5　河北庞家堡铁矿床含矿层综合柱状图[2]

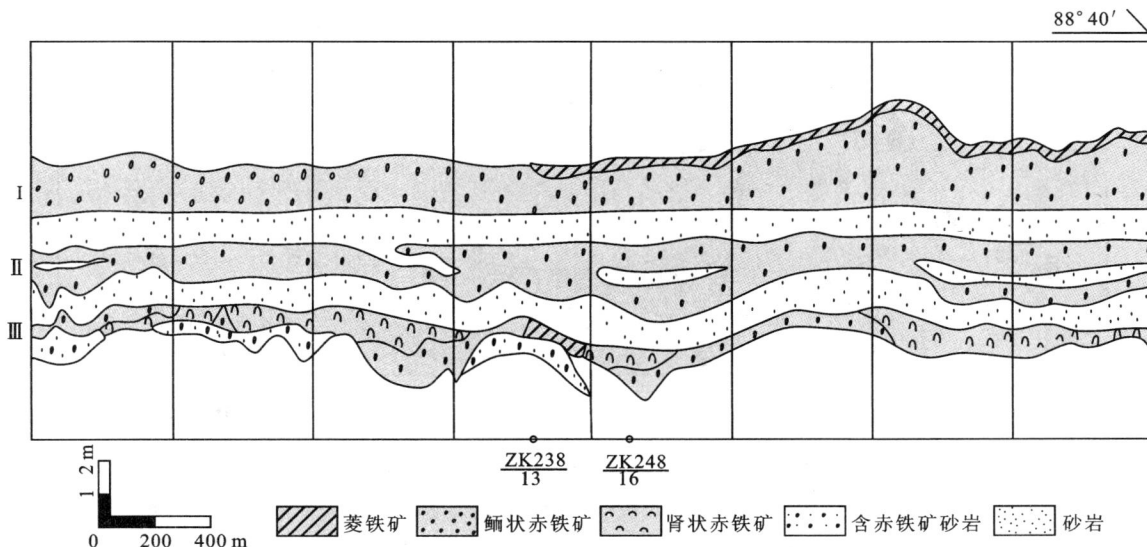

图 9-6　河北庞家堡铁矿床沿走向矿层沉积相变图（据铁矿地质勘探规范编写组，1981）

表 9 – 1　河北庞家堡铁矿床实验标本

样号	名称	样号	名称
铁庞 01	黑色页岩	铁庞 09	石英岩
铁庞 02	硅质(砂质)板岩	铁庞 10	豆状赤铁矿石
铁庞 03	纹层(条带)石英岩	铁庞 11	鲕状赤铁矿石
铁庞 04	石英岩	铁庞 12	菱铁矿矿石
铁庞 05	斑点状石英岩	铁庞 13	条带状石英岩
铁庞 06	石英岩	铁庞 14	肾状赤铁矿石
铁庞 07	致密状石英岩	铁庞 15	磁铁矿矿石
铁庞 08	花岗岩		

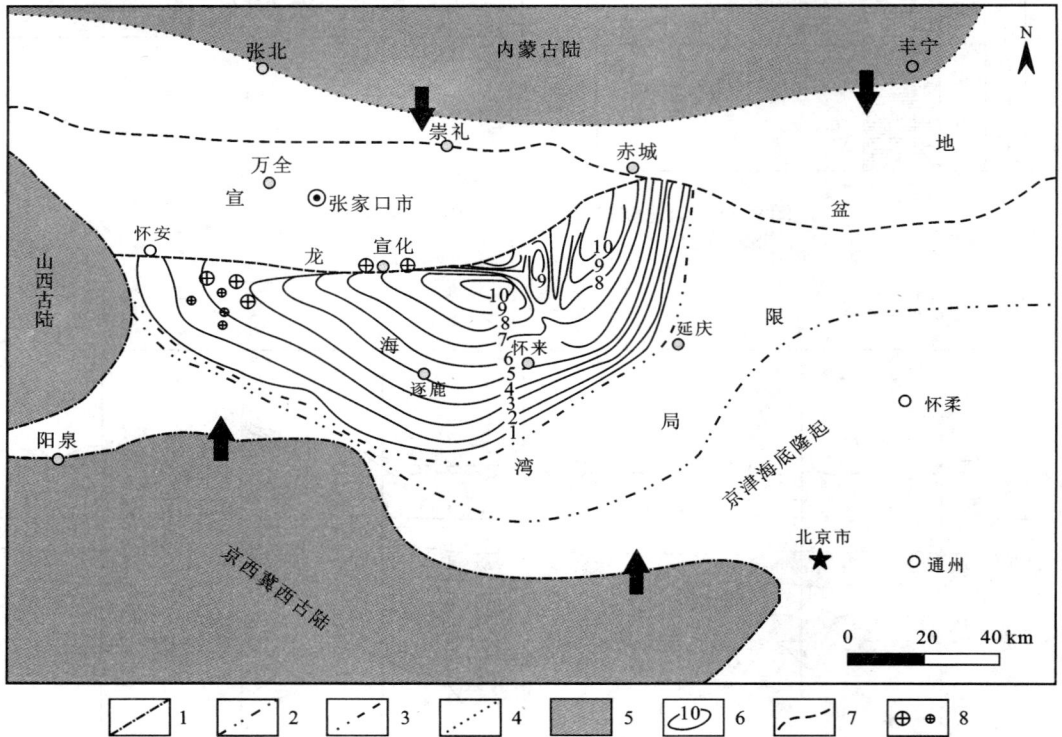

图 9 – 7　河北庞家堡铁矿床一带长城纪串岭沟世早期古地理图[3]

1—串岭沟世海岸线；2—串岭沟世早期海岸线；3—串岭沟世早期成矿阶段海岸线；4—未分海岸线；
5—串岭沟世古陆；6—含矿层等厚线；7—基底断裂；8—海滨—浅海型中 – 小型矿点

9.3 矿床资料及素材

庞家堡铁矿床位于河北省张家口市宣化区内，该矿床规模大，铁品位中等至富矿，品位稳定。因该类铁矿集中分布于张家口市的宣化—赤城龙关一带（通称宣龙地区），被称为宣龙式铁矿床。

1.区域地质背景

庞家堡铁矿床大地构造位置为内蒙古陆南部与燕山凹陷带相接的边缘部分。

区域地层出露基底为太古宙的桑干群变质岩系，由石榴石角闪片麻岩、角闪石英长石片麻岩等组成。盖层为长城系地层（图9-1），由底到顶分为常州沟组、串岭沟组、大红峪组、高于庄组（表9-2）。

表9-2 河北庞家堡铁矿床长城系地层层序简表

组	层号	岩性	厚度/m
高于庄组	8	灰白色石灰岩	400
	7	燧石灰岩	250
大红峪组	6	钙质砂岩	200
	5	硅质灰岩	180~200
串岭沟组	4	上部为薄层绿色页岩，下部为黑色页岩	30
	3	含矿层位，以鲕粒赤铁矿为主	27~30
常州沟组	2	石英岩	80
	1	底部砂页岩	50~60

宣龙地区位于宣化向斜内。该向斜轴线在怀安庙岩村—宣化定方水、段家堡—赤城样田一线，呈近东西向，至东部呈北东向，为宽缓向斜。底部为太古宙变质岩系，两翼为长城系，核部为蓟县系雾迷山组。向斜北部因地层剥蚀出露完整，含铁矿带广泛出露；南翼剥蚀程度低，含铁矿层仅在涿鹿的塔院等地局部出露。

区内的深大断裂发育，尚义—赤城深断裂为燕山台褶带与内蒙古地轴的分界线，控制了赋存"宣龙式"铁矿的宣龙海湾盆地的形成和展布；下花园大断裂和蔚县—延庆大断裂控制了向斜南翼含铁矿带的南部边界。

2.矿区地质

矿区主要出露长城系地层，地层平均走向30°，向南东倾斜，倾角30°左右（图9-2、图9-3、图9-4）。串岭沟组为主要铁矿赋存层位。庞家堡矿区处于宣化向斜北翼，矿区内呈现单斜构造，单斜被一系列近于南北向的横断层所切，以致东部下降成阶梯状。

矿区岩浆岩活动不发育，仅在矿区东西两侧出现花岗岩岩株（图9-2），使庞家堡矿区西端的赤铁矿、菱铁矿变质为磁铁矿。

3.含矿层及矿石特征

含矿带位于串岭沟组下部(图9-5),其底板为常州沟组白色石英岩,顶部为黑色页岩及含铁砂岩(表9-2)。整个含矿带厚20~30 m,含矿层自上而下由3层铁矿和2层含铁细砂岩及粉砂质页岩组成(图9-5)。含矿层较为稳定,一般厚5~7 m。矿石类型简单,矿石矿物除赤铁矿、菱铁矿、磁铁矿、石英外,还有黄铁矿、鲕绿泥石、长石及少量的金红石、磷灰石等。矿石化学组成 TFe 平均为45%,SiO_2 为15%~20%,$Al_2O_3 < 0.4\%$,MgO 为 0.15%,CaO 为 0.5%,TiO_2 为 0.15%。有害组分 P 为 0.15%~0.2%,S 为 0.05%~0.06%。矿石为品位中等至富矿,含铁量稳定,有害组分含量少的特点。

思考题

1.结合河北庞家堡铁矿床,简述古地理环境对沉积铁矿形成的意义。

2.鉴别海相沉积铁矿床的主要地质标志有哪些?

参考文献

[1] 于方,魏绮英. 中国典型矿床[M]. 北京:北京大学出版社,1997.

[2] 李玉静,李天刚,李中伏,等. 2017. 河北省典型矿床[M]. 北京:地质出版社,2017,107-114.

[3] 梁瑞,张秀云,赵军,等. "宣龙式"铁矿地质特征及其成因分析[J]. 华北国土资源,2013,12(1):135-140.

实验十

沉积变质矿床—辽宁弓长岭铁矿床

10.1　实验目的与要求

（1）通过实验认识区域变质岩中各级变质岩石的特点及它们对铁矿床的控制作用。

（2）通过实验认识区域变质铁矿床的地质特征及其与变质作用强度的关系。

（3）认识混合岩化作用对富铁矿的意义，分析其产出部位与构造间的关系。

10.2　实验内容及步骤

（1）辽宁弓长岭铁矿床位于辽宁鞍山—本溪（简称鞍本）地区新太古界鞍山群含铁变质岩区阅读图 10 - 1，分析变质岩系与铁矿床的空间分布特点。

（2）阅读辽宁弓长岭铁矿床地质简图（图 10 - 2），分析矿区变质岩及铁矿层空间分布特征。

（3）阅读辽宁弓长岭铁矿床二矿区中部、东南部一带地质简图（图 10 - 3）及剖面图（图 10 - 4），了解矿区变质岩的层序及铁矿体形态、产状特征。

（4）观察矿床地层、岩浆岩、蚀变围岩和矿石的标本（表 10 - 1）及相应的光薄片，认识矿区变质岩的岩石特征，了解矿区经历的变质作用；了解矿区矿石类型、矿石结构构造、矿石矿物组合特征；了解富铁矿体的围岩蚀变类型、蚀变岩特征。

变质岩的观察：鉴定变质岩的主要矿物组成、结构构造等特征，推断原岩。

矿石的观察：矿区按铁的含量可分为富铁矿石（TFe > 50%）和贫铁矿石（TFe < 50%）；根据矿物组成可分为磁铁矿矿石、假象赤铁矿矿石、赤铁矿矿石；根据矿石构造可以分为块状构造矿石和条状状构造矿石。

围岩蚀变观察：矿区的富铁矿体空间上与由石榴子石、阳起石、绿泥石、镁铁闪石等组成的蚀变岩密切相伴。可根据矿物组合分为石榴子石岩、阳起石岩、黑云母岩、绿泥石岩、镁铁闪石岩、含电气石蚀变岩等[3]。

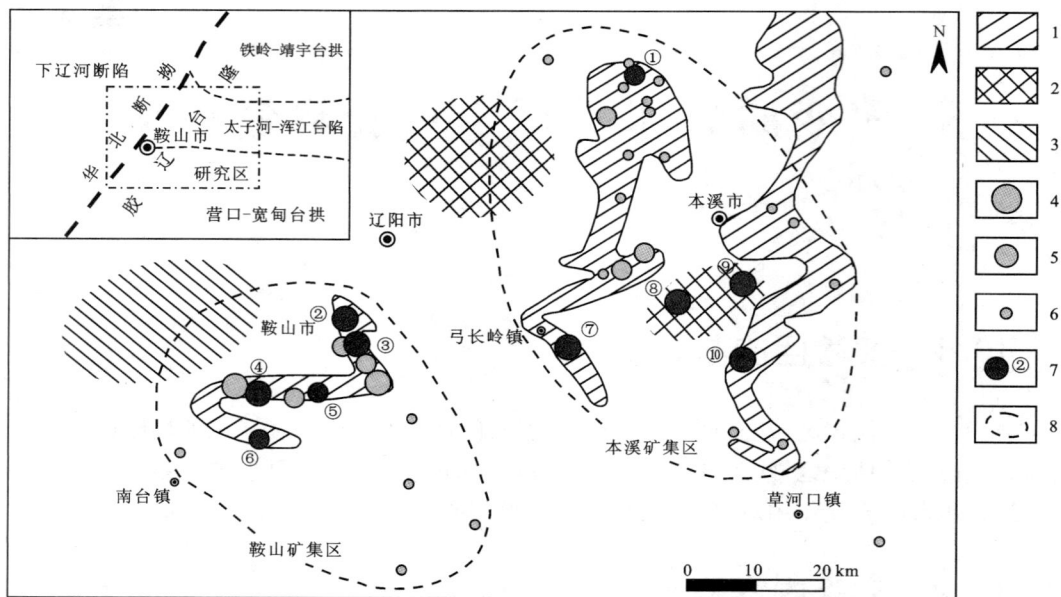

图 10 - 1　辽宁鞍本地区新太古界鞍山群含铁变质岩及铁矿床分布图[1]

1—3 含铁变质岩系分布区(①—地表出露、②—隐伏的、③—推测的);4—6 不同规模的变质型铁矿床[④为大于 1×10^{10} t;⑤为(1×10^{10}) ~ (1×10^{11}) t、⑥为(0.01×10^{10}) ~ (1×10^{10}) t];7—含富铁的矿床(①歪头山铁矿,②齐大山铁矿,③胡家子铁矿,④东鞍山铁矿,⑤大孤山铁矿,⑥小岭子铁矿,⑦弓长岭铁矿,⑧大台沟铁矿,⑨思山岭铁矿,⑩南芬铁矿)

表 10 - 1　辽宁弓长岭铁矿床实验标本

样号	名称	样号	名称
变弓 001	弓长岭花岗岩	变弓 007	条带状磁铁石英岩
变弓 002	下混合岩	变弓 008	石榴石镁铁闪石岩
变弓 003	斜长角闪片岩	变弓 009	绿泥石英片岩
变弓 004	钠长石英角闪片岩	变弓 010	云母石英片岩
变弓 005	绿泥角闪片岩	变弓 011	含白云母石英岩
变弓 006	富磁铁矿矿石	变弓 012	上混合岩

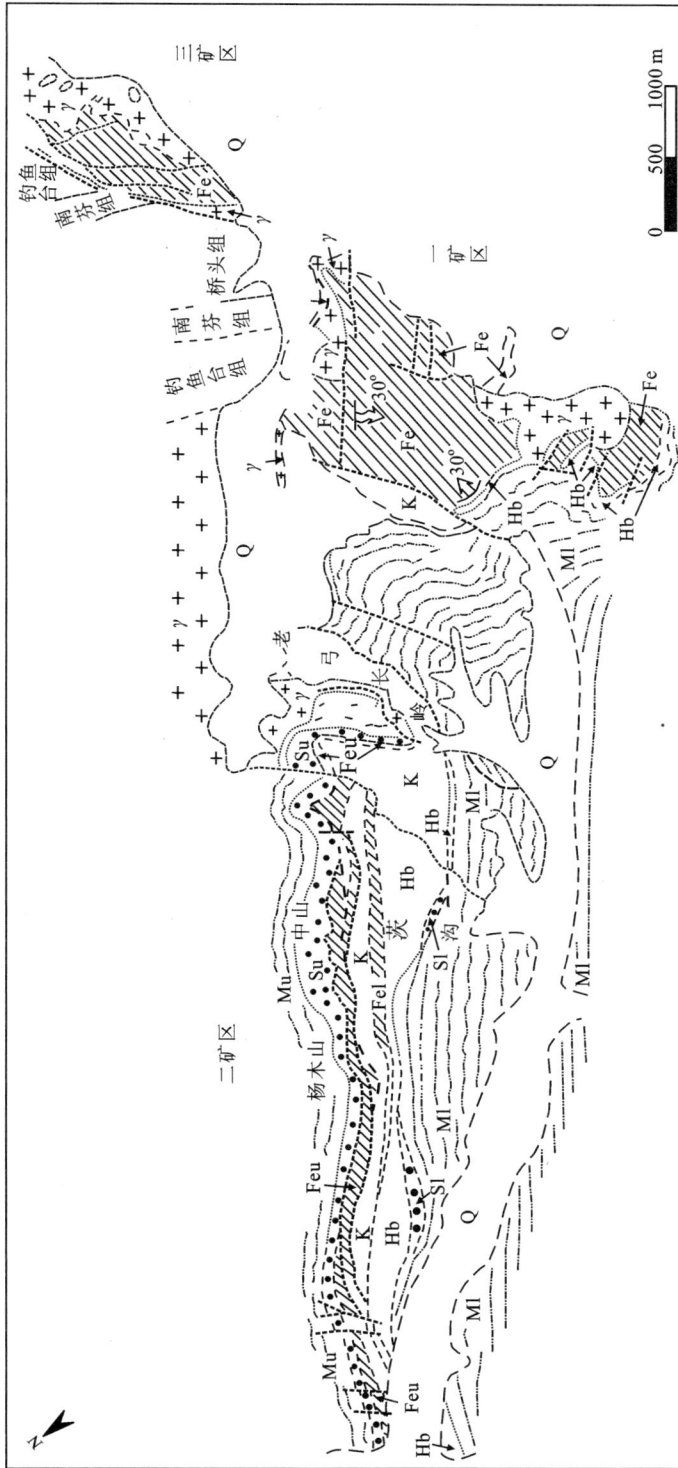

图 10 - 2　辽宁弓长岭铁矿床地质简图[2]

Q—第四系；鞍山群茨沟组；Su—上硅质岩组(粗点)；Feu 上含铁矿带(斜线)；Fel 下含铁矿带(空白)；K 中部标志带(斜线)；Fe—上含铁带，中部标志带和下部含铁带未分，但以上含铁带为主(斜线)；Hb—角闪质岩组(斜线)；SI—下硅质岩层(空白)；Mu—上混合岩带和花岗质岩石；花岗质岩石和有关岩石有关岩石(粗点)；γ—粗粒微斜长石花岗岩(麻峪花岗岩)；MI—下混合岩带(波纹线)；粗线(实线)、断层；细线(断线)、点线为地质界线。花岗质岩石(主要为弓长岭花岗质岩石和下部含花岗质岩石)未分(波纹段)；

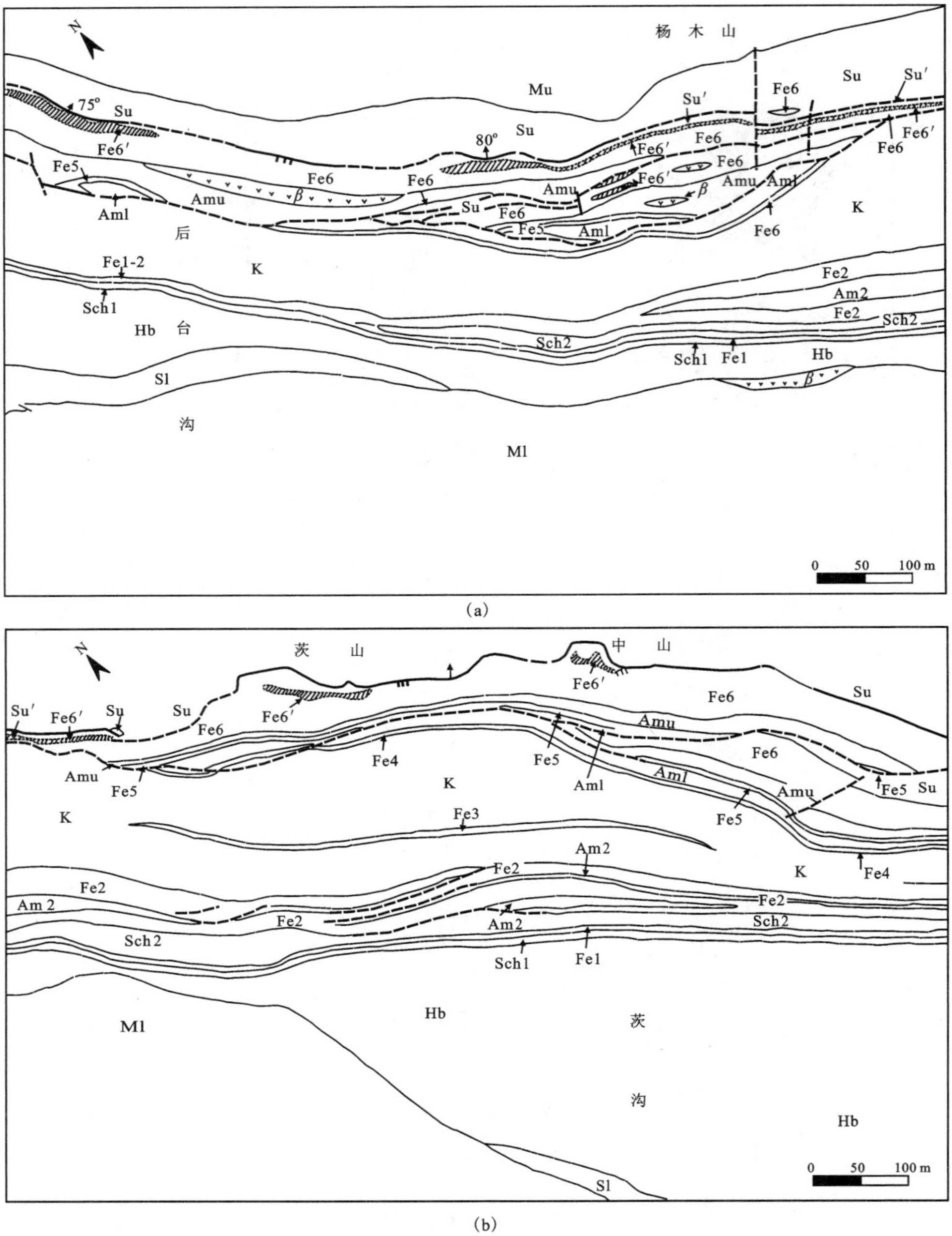

(a)

(b)

图10-3 辽宁弓长岭铁矿床二矿区中部(a)和东南部(b)地质简图[2]

鞍山群茨沟组：Su—上硅质岩组；含铁岩组(含铁建造)：上含铁带：Fe6—第六层铁矿体；Amu—上角闪岩；Fe5—第五层铁矿体；Aml—下角闪岩；Fe4—第四层铁矿体；中部标志带：K—标志带；Fe3—第三层铁矿体；下含铁带：Fe2—第二层铁矿体；Am_2—角闪岩类层；Sch_2—第二层铁矿体之下的片岩；Fe1—第一层铁矿体；Fe1-2—第一、二层铁矿体未分；Sch_1—第一层铁矿体之下的片岩；Hb—角闪质岩石组；Sl—下硅质岩组。花岗质岩石和有关岩石：Mu—上混合岩带和花岗质岩石未划分；Ml—下混合岩带；其他：Su'—断层带中磁铁矿化石英岩和第六层铁矿体；Fe6'—第六层铁矿体中富铁矿体及其伴生岩石；β—(绿帘)斜长角闪岩(侵入体)

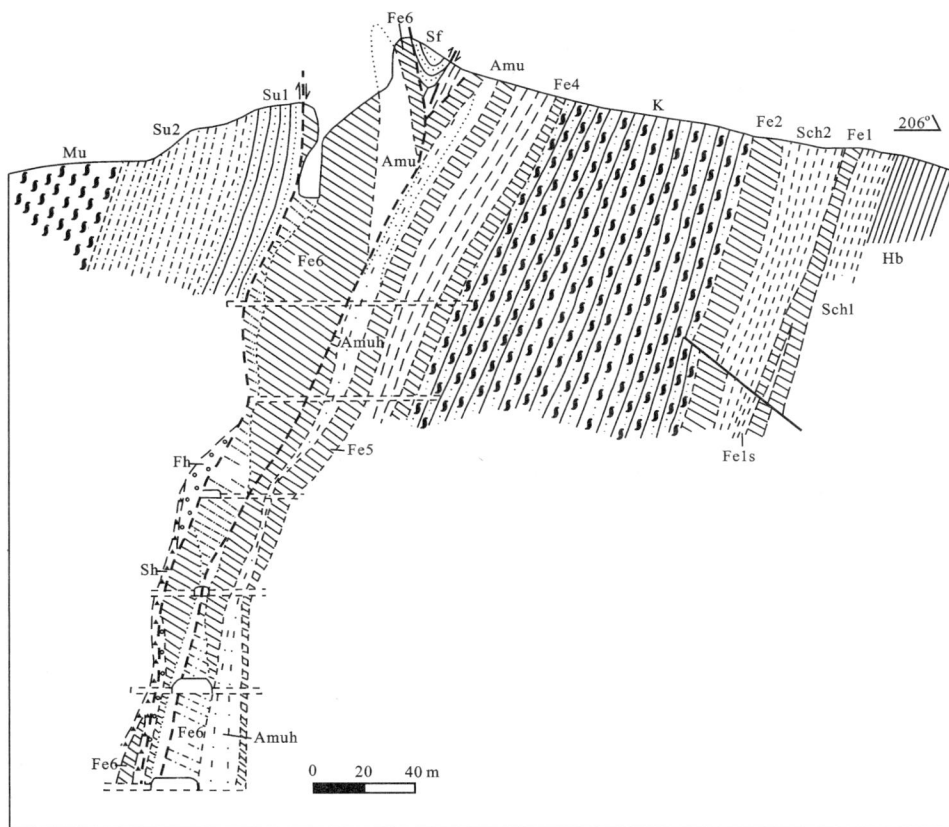

(a)

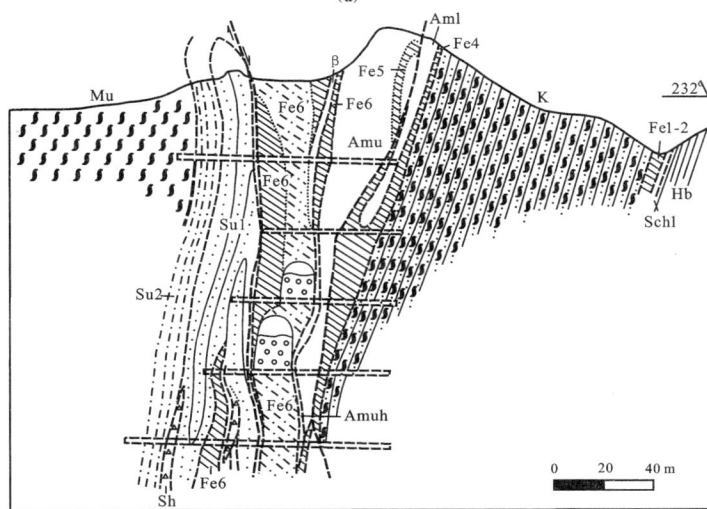

(b)

图 10-4　辽宁弓长岭铁矿床二矿区 14 线（a，后台沟西北）和 12 线（b，杨木山西北坡）剖面图[2]

Su2—上硅质岩组中（绿泥）石英岩；Sul—上硅质岩组中绢云石英片岩；Sh—石榴子石化及闪石化（绿泥）石英岩，Amuh—石榴子石化和绿泥石化上角闪岩；Sf—上硅质岩组中含铁角闪石英岩；Fh—断层带中磁铁矿化石英岩和第六层铁矿体；Fels—第一层铁矿体中含磁铁矿石英岩；其他符号见图 10-2、图 10-3

(6)综合实验材料的观察，结合矿床地质资料，分析矿区成矿作用，分别阐述矿床贫铁矿、富铁矿的特征及成因。

基于矿区变质岩层产出特征，推断原岩性质及其沉积环境。

贫铁矿体的成因分析：考虑矿区经历的区域变质作用，分析条带状铁矿的形成过程。

富铁矿体的成因分析：基于富铁矿体的形态、产状、控制因素、蚀变矿物组成的特征分析，结合区内经历的混合岩化作用，推断成矿过程可能的热液来源；结合贫铁矿与富铁矿产出关系，分析富铁矿体的形成过程。

10.3 矿床资料及素材

辽宁省鞍本地区是我国最重要的铁矿矿集区（图10-1），区内铁矿床赋存于新太古界鞍山群变质岩系中，被称为鞍山式铁矿床。其中弓长岭铁矿是鞍本地区重要的矿床，探获的磁铁矿富铁矿储量位于国内沉积变质型铁矿的首位。

1. 区域地质背景

鞍本地区在大地构造上位于华北地台胶辽台隆的西北部[2]，区内前寒武变质岩系以新太古界鞍山群和古元古界辽河群组成。鞍本地区鞍山群呈大小不等形态各异的包体产于太古宙花岗岩中，该群由樱桃园组、大峪沟组、茨沟组和石棚子组等组成。其中茨沟组是区内主要赋矿层位之一，主要岩石类型有斜长角闪岩类、片麻岩类、黑云变粒岩类、石英岩类、大理岩类、片岩类等，变质程度达到角闪岩相[3]。对弓长岭二矿区的黑云变粒岩锆石SHRIMP定年获得了（2528±10）Ma的年龄[4]，表明原岩形成时代为2.5 Ga。

区内构造较为复杂，基底岩层为鞍山群的变质岩系及花岗岩，呈东西向复式背斜，轴部发育较大的花岗岩体。基底盖层为震旦纪以后之沉积岩系，后经晚期造山运动而产生褶皱。

鞍本地区岩浆岩主要出露太古宙花岗杂岩，构成了花岗岩—绿岩带。之后出露岩体很少，局部地区发育规模很小的岩脉[3]。

鞍本地区产于鞍山群内的沉积变质型铁矿以磁铁矿矿石为主，是我国最大铁矿集中区。

2. 矿区地质

弓长岭铁矿床（图10-2）由7个铁矿区组成，其中二矿区是主要铁矿区。弓长岭铁矿床大面积出露太古宙混合岩，含铁建造呈残留体分布于混合岩中，与震旦系石英岩、页岩和奥陶系灰岩呈断层接触。含铁建造中褶皱发育，大多数不完整，二矿区的含铁建造呈单斜状产出，地层出露较全，其特征简述如下[2]：

（1）矿区含铁建造。

二矿区的含铁建造鞍山群茨岭沟组呈北西向狭长条带状产于混合岩中（图10-3），长约4800 m，宽100~700 m。岩性和厚度变化均较大，岩层倾向30°~70°，倾角60°~80°，也有达90°者，各层间为清楚或渐变的整合关系。

其层序由上向下可分为[2]：

①上混合岩带（Mu）：由脉混合岩，混合片麻状花岗岩组成，各混合岩层之间互相过渡，与弓长岭花岗岩界线清楚，厚22~100 m。

②上硅质岩组（Su）：与上混合岩呈渐变关系，整合于下覆的第六含铁层。主要由石英岩、含白云母浅粒岩及石英白云母片岩组成，局部含角闪片岩、绿泥片岩等，厚30~100 m。

③含铁矿岩组。

A.上含铁矿带。

本带由 3 个含铁层及 2 个斜长角闪岩层组成。

Ⅰ.第六含铁层(Fe6)：主要为细纹状或块状贫铁矿石，局部含闪石类矿物，在本区中部和北部(18 线剖面西北)的铁矿物为磁铁矿，南部则为赤铁矿。厚一般为 50 ~ 60 m。

Ⅱ.上角闪岩(Amu)：主要为致密状略具条纹含不等量石英的斜长角闪岩。其中偶含黑云母、绿泥石、绿帘石等。与上下岩层关系有构造接触或渐变关系，厚 6 ~ 22 m。

Ⅲ.第五含铁层(Fe5)：主要为条带状或细纹状含阳起石(阳起石质透闪石)的石英磁铁矿贫矿石，偶成块状，局部含富铁矿石，厚 10 ~ 15 m。

Ⅳ.下角闪岩(Aml)：可分为斜长石英角闪岩和斜长角闪岩两类，与上下含铁层呈渐变关系，有绿泥石化等蚀变，厚 10 ~ 40 m。

Ⅴ.第四含铁层(Fe4)：主要为条带状或细纹状含阳起石(透闪石质阳起石)的石英磁铁矿贫矿石，厚 10 m 以上。

B.中部标志带。

中间标志层(K)：呈淡绿和暗绿色，略具片状构造，主要矿物组成为钠长石、石英、黑云母、绿泥石，但在带内各处岩性差异较大，厚 70 ~ 190 m。

第三层铁矿体(Fe3)：主要为条带状或细纹状含阳起石(阳起石质透闪石)的石英磁铁矿贫矿石。为扁豆体状产于标志层下部，厚 2 ~ 10 m。

C 下含铁岩带。

由两层铁矿及两层片岩组成。

Ⅰ.第二含铁层(Fe2)：主要由中条纹及细条纹状磁铁石英岩组成。该层厚度变化很大，在中部杨木山西南(图 10 – 3b)与第一层铁矿体相合(Fe1 – 2)，从杨木山以南向东南，厚度增加很多，还夹有两三层石英斜长角闪岩(Am2)。

Ⅱ.第二层铁矿体之下的片岩层(Sch2)：岩性变化较大，有斜长角闪片岩与磁铁角闪片岩等，厚 2 ~ 12 m。

Ⅲ.第一含铁层(Fe1)：岩性与第二含铁层相似，局部含磁铁矿的石英岩、绿泥片岩、石英斜长角闪岩甚至滑石片岩夹层，厚 2 ~ 18 m。

Ⅳ.第一层铁矿体之下的片岩层(底部片岩层，Sch1)：黑云片岩和绿泥黑云片岩，偶有阳起绿泥片岩，厚 3 ~ 36 m。

④角闪质岩石组(Hb)。

主要为斜长角闪片岩，夹白云角闪片岩、石英绿泥角闪片岩和铁闪石片岩等。本层底部靠近混合岩有热液蚀变现象。厚 20 ~ 150 m。

⑤下硅质岩组(Sl)。

由长石和石英组成的浅粒岩，许多地段含有少量白云母，偶有微量黑云母，常夹 1 ~ 3 层很纯的糖粒状石英岩；大多已不同程度的混合岩化。

⑥下混合岩带(Ml)。

岩性类似于上混合岩带，但分布上较上混合岩带广得多。混合前的岩石可能以半黏土质—黏土质的岩石为主，夹有薄层砂质页岩及厚层长石砂岩等。各混合岩之间为互相过渡关系，大致岩层是：接近角闪岩层的为脉混合岩(约厚 400 m)，接近花岗岩为混合片麻岩，逐渐过渡为弓长岭花岗岩。

（2）矿区岩浆岩。

矿区岩浆岩发育，可分为三期，第一期为弓长岭花岗岩，大面积出露于含铁岩系的外缘，岩石呈片麻状、条带状构造，获得 SHRIMP 锆石 U—Pb 年龄为（3091±100）Ma[3]。第二期为麻峪花岗岩，SHRIMP 锆石 U—Pb 年龄为（2825±11）Ma[3]，代表岩体形成年龄。第三期为更晚的伟晶状花岗岩，呈脉状或豆荚状侵入于铁矿层或角闪岩层中，走向多与岩层层面平行。

（3）矿区构造。

变质岩系残留体两端受断层影响产状有些变化。其北西端走向变为50°，倾向南东；在其东南因受老岭断裂的影响，产状变为南北走向，向东陡倾斜。矿区内条带状铁矿层及其围岩呈单斜产出，褶皱构造不明显，断裂构造发育。可分为北西向和北东向两组。北西向断裂多为逆断层，常在含铁石英岩和角闪岩之间出现。其产状与岩层产状基本一致，性质不明。北西向断层有寒岭断层、偏岭断层以及一系列切穿矿层的断裂。

3. 矿体特征

矿区含铁建造含6层铁矿体（图10-4），主要分布在上下铁矿带，下铁矿带含 Fe1 和 Fe2 矿层、中部 K 层含 Fe3 矿层，上铁矿带含 Fe4、Fe5、Fe6 三层，矿层与围岩产状一致。矿体呈层状，产状稳定，各矿层产出位置、规模、资源量占比见表10-2。

弓长岭二矿区的富铁矿体产于贫铁矿体中，勘探圈出138个富铁矿体，主要产于 Fe6 矿层中，占富铁矿资源量的77.1%[3]。富铁矿体赋存规律有如下3个特点：

①富矿体多分布于断裂带及其附近（图10-3、图10-4），或者分布于褶曲的转弯部位，受构造控制明显。

②富矿体均位于分布广且延深较大的含铁石英岩层中，通常多层贫矿较单层贫矿易于形成富矿体。

③发育有明显的围岩蚀变带，富矿体的规模大小常与蚀变带的强度成正比关系，矿区蚀变分带现象明显，由富矿体向外依次为镁铁闪石化，石榴石化及绿泥石化。

表10-2 辽宁弓长岭铁床二矿区含矿层及矿体规模简表[3]

矿层	产出位置	规模	资源量占比
Fe6	上含铁岩系最顶部	为最大矿体，长4800 m，厚5~160 m，垂深1000 m 以上，北西、中部矿体形态复杂，东南部稳定	52.1%
Fe5	上含铁矿岩系中部	呈透镜状不连续分布，1~8线间矿体长1100 m，厚6~15 m，延深150~600 m，11~12线间矿体长30~35 m，24线以东800 m，厚4~8 m	4.7%
Fe4	上含矿带下部	长4500 m，延深1000 m，厚2~12 m	0.5%
Fe3	K 层	西段长365 m，厚8~10 m，最厚18 m，东段长1350 m，厚1.8~6.0 m	14%
Fe2	下铁矿带	沿走向分三段，长分别为1220、980、2468 m，厚10~30 m，最厚40 m	19.2%
Fe1	下铁矿带	沿走向分两段，西段长1680 m，厚10~30 m，东段长2320 m，厚3~20 m，局部50 m	8.3%

思考题

1.哪些地质证据说明辽宁弓长岭铁矿床经历了沉积作用?

2.辽宁弓长岭铁矿床贫、富矿体各经历了哪些变质成矿作用?

参考文献

[1] 刘忠元,付海涛,刘陆山.鞍本地区超大型铁矿床分布规律及特征[J].化工矿产地质,2015,37 (2):65-71.

[2] 中国矿床编委会.中国矿床(中)[M].北京:地质出版社,1994.

[3] 李厚民,刘明军,李立兴,等.辽宁弓长岭沉积变质型富铁矿床[M].北京:地质出版,2015.

[4] 万渝生,董春艳,颉颃强,等.华北克拉通早前寒武纪条带状铁建造形成时代——SHRIMP 锆石 U-Pb 定年[J].地质学报,2012,86(9):1447-1478.

实验十一

叠生矿床——海南石碌铁多金属矿床

11.1 实验目的与要求

（1）通过实验，认识海南石碌铁多金属矿床中不同类型的矿体及矿石特征。

（2）了解海南石碌铁多金属矿床叠生成矿作用。

11.2 实验内容及步骤

（1）阅读海南石碌铁多金属矿床区域地质简图（图 11 - 1）及区域地层综合柱状图（11 - 2），了解矿床产出的区域地质背景，区域大地构造演化特征。

（2）阅读海南石碌铁多金属矿床地质简图（图 11 - 3）、典型勘探线剖面图（图 11 - 4）及矿区纵剖面图（图 11 - 5），了解石碌铁多金属矿床地质特征、矿体产出特征及控制因素。

（3）对矿区的岩石、蚀变围岩及矿石标本（表 11 - 1）及相应光薄片进行观察与鉴定，重点认识矿区不同类型矿体的矿石组成、结构构造及围岩蚀变的特征，认识矿区多期次的成矿作用。

①铁矿石的观察。

原生铁矿石可分为平炉矿（H_1）、低硫高炉矿（H_2）、高硫高炉矿（H_3）、贫矿（H_4）和表外次贫矿（H_5）5 个工业品级。H_1 的 TFe 含量大于 58%、SiO_2 含量小于 12%、S 含量小于 0.15%、P 含量小于 0.15%；H_2 和 H_3 的 TFe 含量均大于 45%，但 H_2 中的 S 含量小于 0.3%、而 H_3 中的 S 含量大于 0.3%；H_4 中 TFe 含量在 30% 和 40% 之间，平均大于 30%；H_5 中的 TFe 含量在 20% 和 30% 之间。

矿石矿物主要是赤铁矿，次为磁铁矿等。富铁矿的脉石矿物主要是石英和绢云母，而贫铁矿则有石英、透辉石、透闪石、石榴子石、绿帘石、绿泥石、绢云母、方解石、白云石和重晶石等[2]。

矿石构造以块状构造、条带状构造、眼球状构造、变余层理构造等为特征；矿石结构以细鳞状变晶结构为主，次为变余砂状结构、斑状变晶结构和鲕状结构等[3]。

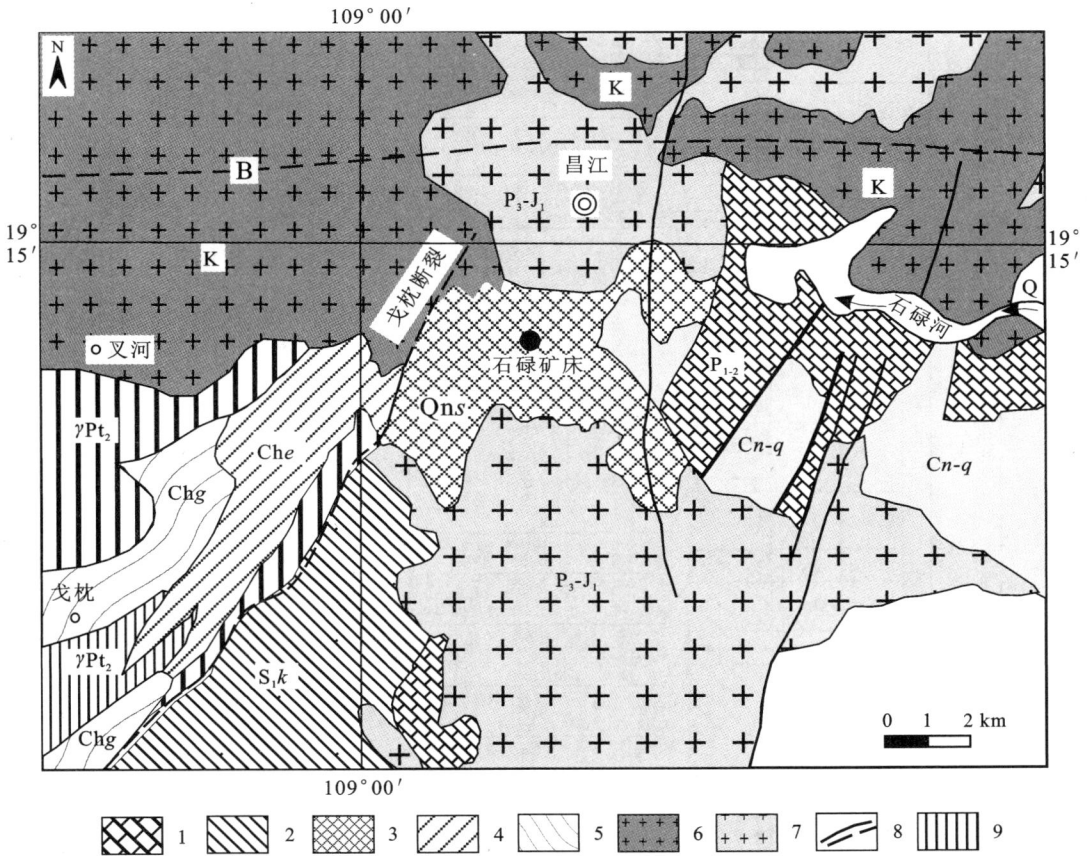

图 11-1　海南石碌铁多金属矿床区域地质简图[1]

1—中下二叠统(P$_{1-2}$)；2—下志留统(S$_{1k}$)；3—石碌群(Qns)；4—抱板群峨文岭组(Che)；5—抱板群戈枕村组(Chg)；6—燕山期花岗岩；7—印支燕山早期花岗岩；8—实测和推测断裂；9—中元古代岩体；Q—第四系；Cn-q—石炭系；K—白垩系；P$_3$-J$_1$—晚三叠统—早侏罗世

系	统	地方地层名称	地层代号	综合柱状图	岩性和组合类型	沉积旋回陆相海相	沉积相	构造型相	变质相
二叠系	上统	南龙组	P_2		夹条带状透辉石化和透闪石化灰岩的变质石英粉砂岩和千枚岩、透辉石透闪石岩、含燧石结核的灰岩,底部有石英角砾岩出现;厚度约358m		浅海相 沉积间断	宽缓型—紧闭型褶皱	低绿片岩相
	下统	峨顶组	P_1ed		条带状泥质灰岩、夹硅质千枚岩的结晶灰岩、与变质粉砂岩呈互层产出的泥质千枚岩;厚度约400m				
					夹炭质千枚岩和透辉石透闪石化灰岩的变质石英砂岩,底部有角砾岩出现;厚度约205m		浅海相		
		峨查组	P_1e		含燧石透镜体的灰岩、白云质灰岩、夹千枚岩和粉砂岩的透辉石透闪石岩;厚度约300m		浅海相 沉积间断		
石炭系	上统	青天峡组	C_2		夹薄层千枚岩的白云岩、炭质千枚岩、泥质千枚岩和薄层石英角砾岩;厚度大于256m		浅海相		
					炭质和泥质板岩、千枚岩、片岩和夹透镜状灰岩和白云岩的砂岩;厚度大于3500m		海湾相		
	下统	南好组	C_1		次要赋矿层位。变质石英砂岩、含铁石英砂岩和与之呈互层产出的薄层状砂岩和贫铁矿层;厚度约120m		滨海相		
志留系	下统	空列村组	Sk				沉积间断	紧闭型—宽缓型褶皱	
青白口系	下统	石碌群	第7层	Qns^7	Fe、Co、Cu等多金属主要赋矿层位,自上往下可分为三段:		斜坡相—浅海相		低绿片岩相
			第6层	Qns^6	上段:白云岩、泥质和碳质灰岩或不纯白云岩、灰岩、白云质灰岩,其次为夹有板岩和千枚岩的透辉石透闪石岩,含宏观藻类化石;厚度为150~300m		浅海相—海湾相	沉积于反转的弧后盆地	绿片岩相到角闪岩相(?)
					中段:是含铁主要层位,由条带状透辉石透闪石岩、含长石眼球的条带状透辉石透闪石岩、含石榴子石条带的透辉石透闪石岩、条带状白云岩以及铁质千枚岩、硅质砂岩组成,局部夹火山凝灰岩、石膏和碧玉等,夹赤铁矿多层;厚度为50~400m		浅海相—潟湖相	受北西—南东向复式向斜控制	
					下段:是重要的含钻铜岩性层,以条带状石英岩、白云岩和条带状透辉石透闪石岩为主,夹硅质岩、石英绢云母片岩等;厚度为0~140m		浅海相—海湾相		
			第5层	Qns^5	主要为石英绢云母片岩类,夹火山凝灰岩和少量硅质岩;厚度大于450m		浅海相	由于早期北西—南东向褶皱晚期加顺层滑脱剪切产生褶叠层构造	绿片岩相
			第4层	Qns^4			浅海相—滨海相		绿片岩相
			第3层	Qns^3	为石英片岩、石英岩:中部为石英绢云母片岩和千枚岩;上部为石英片岩、石英岩。本层夹少量火山岩,厚度80~140m		浅海相		绿片岩相
			第2层	Qns^2	以石英绢云母片岩为主,间夹千枚岩、石英片岩和绿泥岩、红柱石斑点石英绢云母片岩和硅质岩带,并夹少量火山岩物质;厚度约300m		浅海相—海湾相		绿片岩相至角闪岩相(?)
			第1层	Qns^1	主要为蛇绿石化大理岩、镁铁橄榄石大理岩、透辉石透闪石岩化大理岩,其中发现火山凝灰岩,厚度为15~100m		浅海相		绿片岩相
					红柱石绢云母石英片岩、片理化石英岩、含炭质红柱石白云母石英片岩;厚度大于900m				
长城系	上统	抱板群	峨文岭组	Che	主要为石英绢云母片岩、绢云母石英片岩、白云母石英片岩和斜长二云母石英片岩,其次为石英岩、长石石英岩和变粒岩,为中元古代片麻状花岗岩(γPt_2)侵入;厚度在420m和1120m之间		浅海相	沉积于弧后盆地	高绿片岩相到角闪岩相
	下统		戈枕村组	Chg	黑云母母斜长片麻岩和黑云母角闪片麻岩,夹少量的黑云斜长石英岩,为中元古花岗岩侵入;厚度大于250m、可达2400m	?	浅海相—滨海相 浅海相	受北东—南西向脆—韧性剪切构造控制 具强烈的剪切变形	高角闪岩相

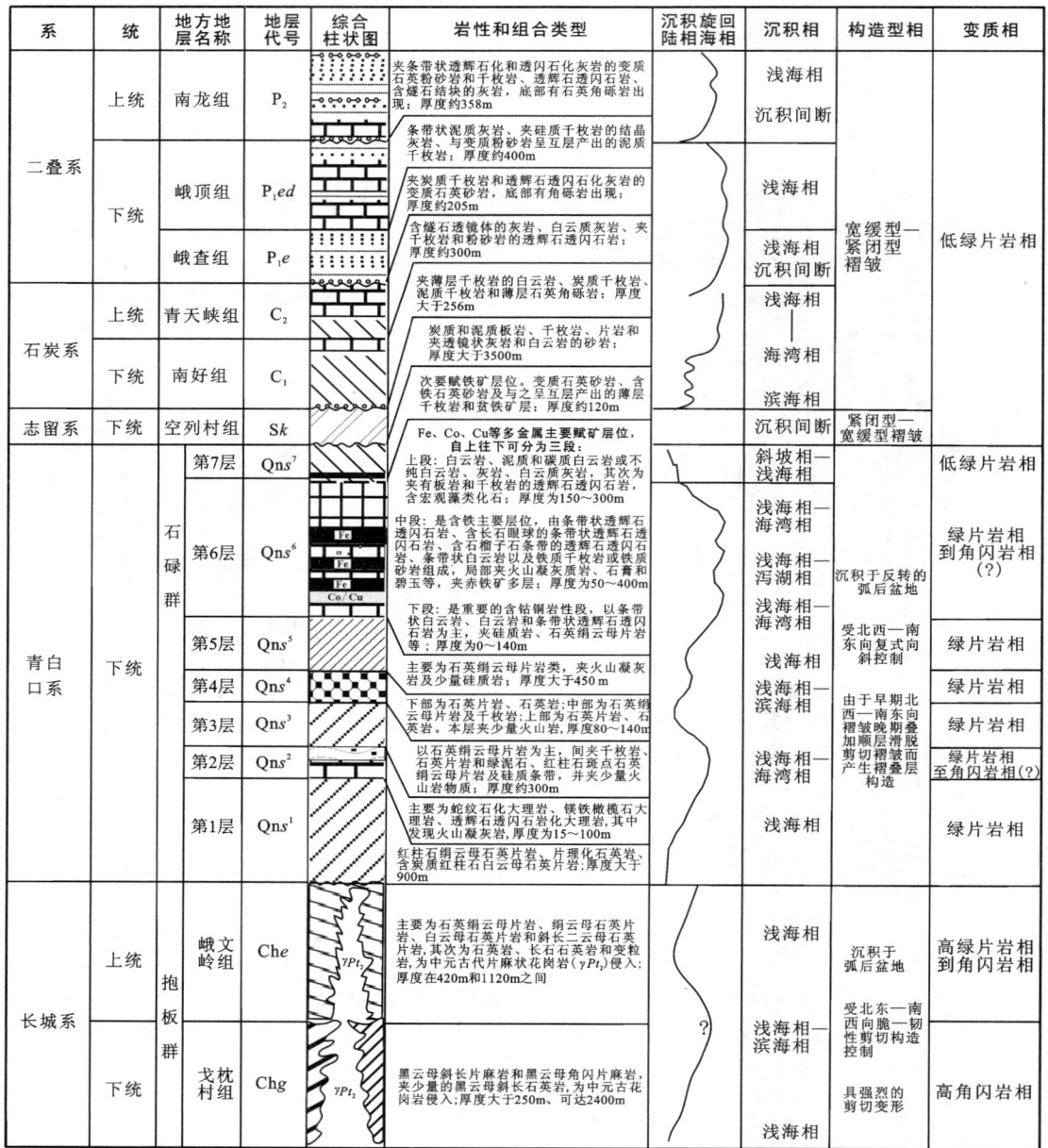

图 11-2　海南石碌铁多金属矿床区域地层综合柱状图[1]

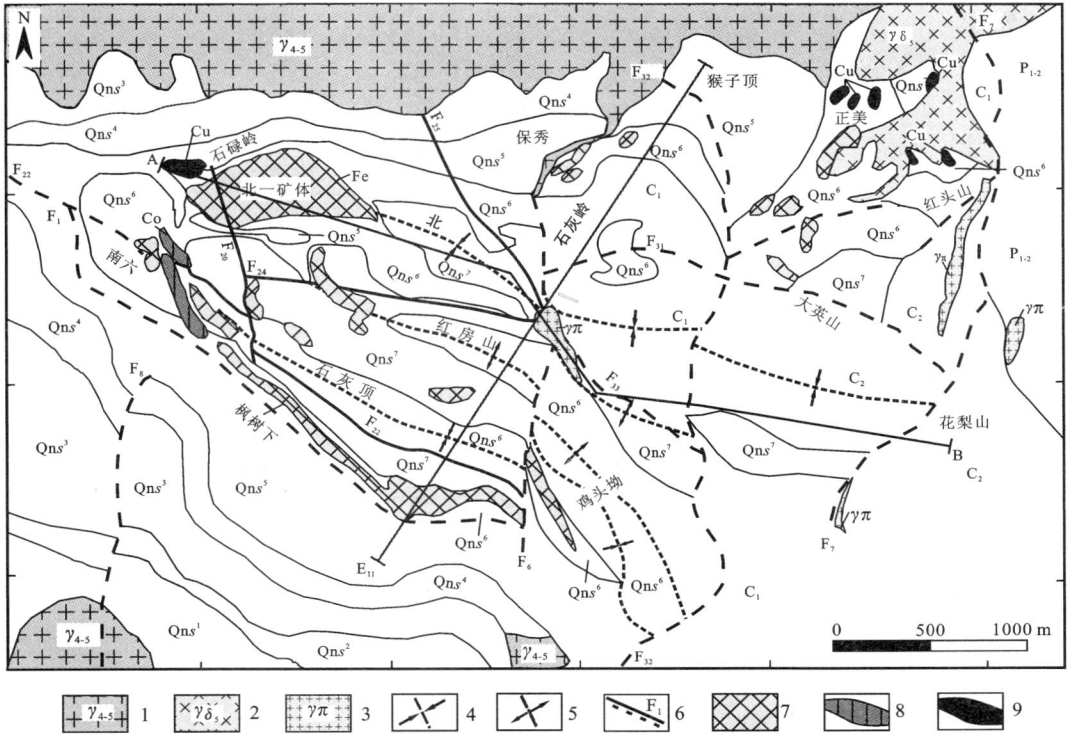

图 11-3　海南石碌铁多金属矿床地质简图[1]

1—印支—燕山早期花岗岩；2—燕山晚期花岗岩；3—晚白垩世花岗斑岩；4—向斜；5—背斜；6—实测和推测断层；7—铁矿体；8—钴矿体；9—铜矿体；Qns¹⁻⁷—石碌群1~7层；C₁₋₂石炭系地层；P₁₋₂二叠系地层

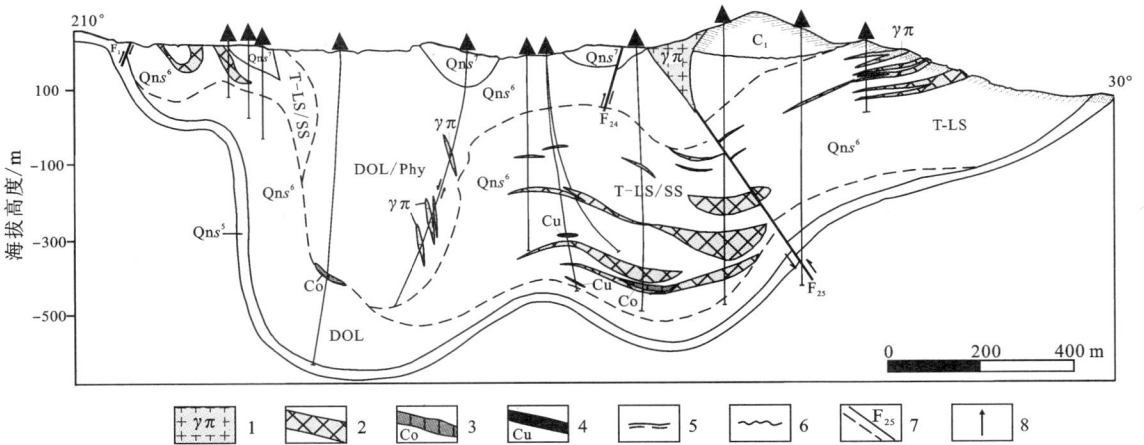

图 11-4　海南石碌铁多金属矿床 E11 勘探线剖面图[1]

1—燕山晚期花岗斑岩；2—铁矿体；3—钴矿体；4—铜矿体；5—实测及推测地质界线；6—角度不整合地质界线；7—实测及推测断层；8—钻孔；Qns⁵⁻⁷—石碌群5~7层；C₁—下石炭统地层；T-LS—透辉石透闪石岩；Phy—千枚岩；SS—变质石英岩；Sch—石英绢云母片岩；DOL—白云岩/白云质灰岩

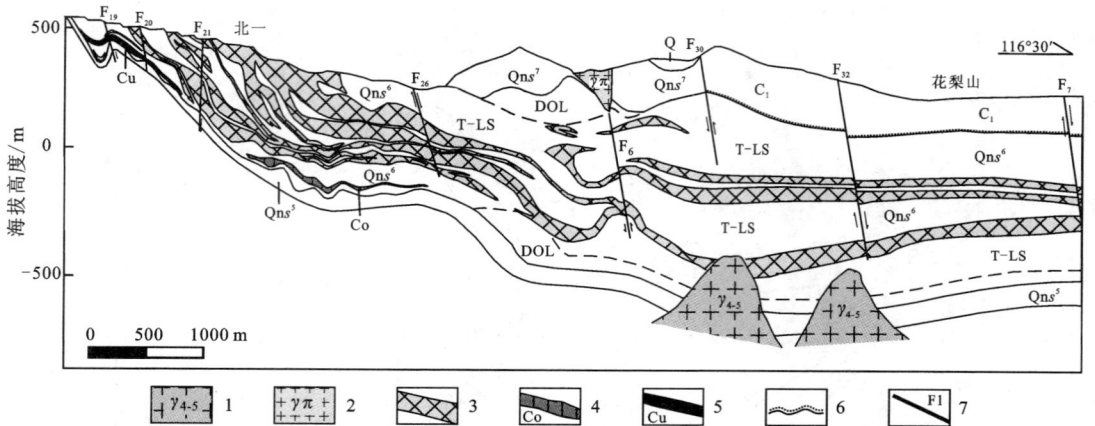

图 11-5　海南石碌铁多金属矿床(北一——花梨山)纵剖面图[1]

1—印支—燕山早期花岗岩；2—晚白垩世花岗岩；3—铁矿体；4—钴矿体；5—铜矿体；6—角度不整合地质界线；
7—实测断层；Qns$^{1\sim7}$—石碌群 1~7 层；C_{1-2}—石炭系地层；DOL—白云岩；T-LS—透辉石透闪石岩

表 11-1　海南石碌铁多金属矿床实验标本

样号	名称	样号	名称
石 001	石英绢云母片岩	石 008	含石榴子石绿帘石的透辉石透闪石岩
石 002	含铁石英砂岩	石 009	块状赤铁矿矿石
石 003	白云岩	石 010	条带状铁矿石
石 004	条带状白云岩	石 011	含黄铁矿的铁矿石
石 005	碧玉岩	石 012	块状钴铜矿石
石 006	黑云母二长花岗岩	石 013	条带状钴铜矿石
石 007	透辉石透闪石岩	石 013	脉状铜矿石

②钴铜矿石的观察。

按矿物组成原生钴铜矿矿石可分为含钴黄铁矿型钴矿石、含钴磁黄铁矿型钴矿石和黄铜矿型铜矿石 3 类。

矿石矿物主要为含钴黄铁矿、黄铜矿、含钴磁黄铁矿，脉石矿物主要为石英、透闪石、透辉石、白云石、方解石、阳起石、钾长石、绿泥石等。

矿石构造主要有条带状、致密块状、不规则脉状和网脉状等，矿石结构主要有胶状、隐晶(微晶)致密块状；含钴黄铁矿呈胶状—隐晶状、细晶状、斑晶状和粗晶状结构，而不含钴磁铁矿结晶粗大，呈脉状、浸染状出现在矿石及围岩裂隙中。

(4)在图件阅读及标本观察鉴定基础上，查阅矿床相关研究资料，综合分析海南石碌铁多金属矿床的成矿作用过程。

叠加成矿过程分析注意：区域及矿区经历了哪些地质作用以及可能的成矿作用，各期成矿作用所形成的产物（矿体或矿石特征、构造变形变质等）特点。对于本矿床应考虑沉积成矿作用、构造变形变质成矿作用、接触交代成矿作用、热液成矿作用、风化成矿作用，并注意各类成矿作用对矿化富集的贡献。

11.3　矿床资料及素材

海南石碌铁多金属矿床位于海南省西北的昌江县境内，矿床探获[1]铁矿体38个（矿石储量5亿吨，TFe品位平均51.2%）、铜矿体41个（矿石储量10.14 Mt，Cu平均品位1.10%）和钴矿体17个（矿石量4.26 Mt，Co平均品位0.31%），曾誉为"亚洲最大的富铁矿"[1]。由于矿化类型多样，多种成矿作用迹象并存，单一矿床成因类型无法解释，是典型的多因复成矿床[1]。

1. 区域地质背景

海南石碌铁多金属矿床，区域出露最老地层为中元古界长城系抱板群片岩和片麻岩和新元古界青白口系石碌群变质火山岩碎屑岩、碳酸盐岩建造[4,5]。之后是早古生代变质碎屑岩、晚古生代—早中新生代碎屑岩沉积（图11-1，图11-2）。岩浆岩记录显示发生多期的岩浆活动，侵入岩在印支—燕山早期和燕山晚期两个时期最为发育。区内大地构造演化经历前地槽、地槽、地台、地洼四大阶段[6]，各阶段形成了差异显著的沉积建造、变质建造、构造型相和岩浆建造。

2. 矿区地质

矿区出露地层主要有青白口系石碌群，矿区东部还广泛分布石炭系南好组、青天峡组和二叠系峨查组、鹅顶组和南龙组（图11-3）。石碌群是矿区主要含矿地层，为低绿片岩相为主（局部达角闪岩相）的变质岩系，岩性有结晶白云岩、白云质结晶灰岩、透辉透闪石岩（简称二透岩）、赤铁片岩、千枚岩及少量石英岩，原岩及沉积环境恢复显示为浅海相、浅海—泻湖相含铁火山—碎屑岩建造和碳酸盐岩建造[1]。石碌群自下而上分为6层，第一、三、五层主要岩性为石英绢云母片岩，第二层岩性为白云岩和透辉石透闪石岩，第四层岩性为石英片岩和石英岩，最上部第六层是铁、钴铜等矿体主要赋存层位，第6层可分下、中、上三段，其中下段赋存钴铜矿体，中段产出铁矿体（图11-2）。

海南石碌铁多金属矿矿区轴向近东西向的北一复式向斜控制了赋矿地层和矿体的产出（图11-3），铁矿体、钴铜矿体产于复式向斜槽部及两翼向槽部过渡的部位（图11-4）。北一复式向斜轴向北西-南东向，地层局部倒转，复式向斜轴向北西翘起和闭合，向东南倾伏并且变得开阔。自北而南由保秀向斜、三棱山向斜、鸡心岭背斜、北一向斜（中心）、红房山背斜、石灰顶向斜、枫树下背斜等多个次级褶皱所组成（图11-3），且它们的褶皱轴均呈弧形弯曲，因而整体上该复式向斜显示S形褶皱构造特征，即褶皱轴线平面呈S形展布，褶皱中段轴面近于直立、北西段轴面倾向北东、南东段轴面波状起伏。矿区断裂构造较发育，有北西—北北西、北东及北北东—南北向三组（图11-3），矿区南部的北西西向F_1断裂可能为横贯矿区的主要导矿构造，近南北向正断层横截矿区东部复式向斜，使矿体自西向东埋深逐渐加大（图11-5）。

矿区岩浆岩发育，整个含矿变质岩被矿区南北西三面的花岗岩体所环绕，矿区南、北岩体的斑状—似斑状黑云母二长花岗岩、花岗岩闪长岩，普遍具有片麻状构造，局部有条带状、眼球状构造，这些花岗岩锆石年龄为 230 ~ 248 Ma[7]，为印支期碰撞后二长花岗岩。矿区南部出露花岗斑岩，矿区内尚发育有花岗斑岩、闪长玢岩、煌斑岩、辉绿岩等各类燕山晚期岩脉，并主要沿北北西—北西向和北北东—北东向两组断裂和/或不同岩层界面侵入[2]。

3. 矿体特征

石碌铁多金属矿区西起石碌岭、东止红头山，北临石碌河、南至枫树顶约 11 km² 范围内，分布大小不等的铁矿体 38 个，铜矿体 41 个，钴矿体 17 个。规模较大者仅有北一、南六、枫树下和正美铁矿体(图 11 - 3)、一号、四号铜矿体和一号、三号钴矿体，占总储量的 90% 以上。铁矿体主要分部在北一、南矿、枫树下、保秀、正美—大英山区段，钴铜矿体主要分布在北一与南矿区段。铁、钴铜矿体均以北一区段规模最大，三者均占全区目前查明总储量的 80% 以上。

(1)赋存层位和容矿岩石。

石碌群第六层下段以透辉石透闪石化白云岩及白云岩为主，夹似层状石英岩、铁质碧玉岩等，含钴铜矿 2 ~ 3 层，是重要的含钴、铜岩性段。下段顶部向中段含铁岩系过渡部位断续见硬石膏、石膏岩；中段是含铁主要层位，由条带状透辉石透闪石岩、透辉石透闪石化白云岩、铁质千枚岩和铁质砂岩组成，局部夹火山质凝灰岩、石膏和铁质碧玉岩等。上段主要由白云岩、含泥质或炭质白云岩及透辉石透闪石岩组成，夹炭质板岩或千枚岩。

(2)矿体形态、产状和规模。

石碌矿区矿体主要分布在北一复式向斜的槽部，集中分布在北一向斜及三棱山次级向斜的槽部。矿体均赋存在石碌群第六层，均呈层状、似层状产出。主要矿体特征如下[1]：

①北一铁矿体。北一铁矿体北西从石碌岭起，南达红房山背斜南东隐伏端。构造上处于北一向斜轴部，长度约 1280 m。矿体形态总体呈层状、似层状，沿走向连续分布；矿体产状与围岩产状一致，同步褶皱。矿体平均品位 TFe 58%、S 0.64%、P 0.02%。北一铁矿体是石碌铁矿区最主要的矿体，是矿山主要开采对象。

②北一东铁矿体。为北一铁矿体的东延部分，矿体分布于石灰岭至鸡心坳一带，地质构造上大致沿石灰顶向斜、红房山背斜、北一向斜、鸡心岭背斜展布。矿体走向长约 2400 m，水平投影宽为 500 ~ 1000 m，最宽达 1700 m。该矿体含多层矿体，一般 2 ~ 5 层，最多达 14 层铁矿层，矿层累计厚度为 3.6 ~ 161.4 m。沿倾向，向斜轴部矿体厚度较厚，背斜轴部较薄。矿体总体处于北一复式向斜的范围，除向斜北翼主矿体上下有透镜状矿体外，主矿体均成层状、似层状。矿体沿走向连续分布，矿体与围岩呈整合接触并同步褶皱。矿体总体走向 315° ~ 135°，倾向因所处的部位不同而异，有的向北倾，有的向南倾，但总体在向斜轴部，倾角较平缓，一般 10° ~ 30°。

③南六铁矿体。位于石灰顶向斜南翼。矿体走向 317°，倾向北东，倾角 0° ~ 85°。长度 930 m，倾斜深度平均 207 m，矿体平均厚度 15.0 m。矿体形态为似层状，但往深部因产状变陡，在向斜凹部又变缓，矿体形态不规则，沿走向、倾向均有分枝复合现象。矿体平均品位 TFe 51.82%、S 0.08 ~ 2.32%、SiO₂ 8.21%。

④枫树下铁矿体。位于石碌岭之南东 2 km，为枫树下区段最大的铁矿体。构造上处于枫树下向斜的南翼。矿体走向 305°，长度 1800 m，宽度 14 ~ 222 m。矿体向北北东倾斜，倾角 30° ~ 60°。呈层状、似层状产出。矿体平均品位 TFe 51.59%、S 0.03%、P 0.01%、

SiO_2 17.40%。

⑤一号钴矿体。分布在北一区，占全区钴资源量的98%，东西长 1221 m，厚度一般 2～5 m，最大 34 m，平均 4.4 m。矿体为隐伏矿体，赋存于北一向斜南翼部及核部，形态产状明显受向斜控制，总体呈似层状为主，少数呈似层状－透镜状。矿体平均品位 Co 0.31%，Cu 0.87%，Ni 0.09%。

⑥一号铜矿体。分布在北一区，占全区铜资源量的92%，长 440 m，厚度一般 3～35.7 m，平均 6.1 m。矿体西段出露地表，向东隐伏于地表。矿体赋存于北一向斜的北翼，矿体厚度变化复杂，厚度不稳定，为似层状—透镜状矿体。矿体平均品位 Cu 1.69%。

4. 围岩蚀变

矿区赋矿地层受到花岗岩侵入影响发生热接触变质作用，主要表现为石碌群第一至第五层发育红柱石等矿物。之后发生热液蚀变作用，包括矽卡岩化（主要为石榴子石化、透闪石化、透辉石化、绿帘石化）和青磐岩化（主要为阳起石化、绿泥石化、绢云母化、方解石化）。

思考题

1. 如何识别石碌铁多金属矿床的沉积成矿作用和接触交代成矿作用？
2. 叠生矿床的矿体及矿物组成可能存在哪些特征，其工业意义是什么？
3. 你认为形成多因复成矿床的主要控矿因素有哪些？

参考文献

[1] 许德如，肖勇，夏斌，等. 海南石碌铁矿床成矿模式与找矿预测. 北京：地质出版社，2009.

[2] Xu, D., Wang, Z., Cai, J., et al. Geological characteristics and metallogenesis of the shilu Fe – ore deposit in Hainan Province, South China. Ore Geology Reviews, 2013, 53: 318 – 342.

[3] Wang, Z., Xu, D., Zhang, Z., et al. Mineralogy and trace element geochemistry of the Co – and Cu – bearing sulfides from the Shilu Fe – Co – Cu ore district in Hainan Province of South China. Journal of Asian Earth Sciences, 2015, 113: 980 – 997.

[4] Wang, Z., Xu, D., Hu, G., et al. Detrital zircon U – Pb ages of the Proterozoic metaclastic – sedimentary rocks in Hainan Province of South China: New constraints on the depositional time, source area, and tectonic setting of the Shilu Fe – Co – Cu ore district. Journal of Asian Earth Sciences, 2015, 113: 1143 – 1161.

[5] Xu, D., Kusiak, M. A., Wang, Z., et al. Microstructural observation and chemical dating on monazite from the Shilu Group, Hainan Province of South China: Implications for origin and evolution of the Shilu Fe – Co – Cu ore district. Lithos, 2015, 216 – 217: 158 – 177.

[6] 陈国达，关尹文，邓景，等. 海南岛石碌式铁矿的大地构造成矿条件初探. 中南矿冶学院学报，1977，(3): 2 – 13.

[7] 余金杰，陈福雄，王永辉，等. 海南石碌铁矿外围花岗岩类成因及形成的构造环境. 中国地质，2012，39(6): 1700 – 1711.

图书在版编目（CIP）数据

矿床学实验指导书／邵拥军，刘建平，赖健清主编
. —长沙：中南大学出版社，2020.1
资源勘查工程专业"十三五"规划系列实验实习指导
书
ISBN 978 - 7 - 5487 - 3920 - 3

Ⅰ.①矿… Ⅱ.①邵… ②刘… ③赖… Ⅲ.①采矿地
—质学—实验—高等学校—教学参考资料 Ⅳ.①P61 - 33

中国版本图书馆 CIP 数据核字（2019）第 290961 号

矿床学实验指导书

邵拥军　刘建平　赖健清　主编

□责任编辑	刘颖维
□责任印制	易建国
□出版发行	中南大学出版社
	社址：长沙市麓山南路　　　邮编：410083
	发行科电话：0731 - 88876770　传真：0731 - 88710482
□印　　装	长沙印通印刷有限公司

□开　　本	787 mm × 1092 mm 1/16　□印张 6.75　□字数 170 千字
□版　　次	2020 年 1 月第 1 版　□2020 年 1 月第 1 次印刷
□书　　号	ISBN 978 - 7 - 5487 - 3920 - 3
□定　　价	32.00 元

图书出现印装问题，请与经销商调换